Das Bild auf den Umschlagseiten zeigt die Glocke mit der Inschrift „Gegossen von / Julius Herold Söhne / in Komotau 1878“, Foto: Hugo Sedláček.

Neues

über die

Glockengießerei und Metallwarenfabrik Herold in Komotau

Herbert Herold

2011

Cuvillier Verlag Göttingen

Bibliografische Information der Deutschen Nationalbibliothek
Die Deutsche Nationalbibliothek verzeichnet diese Publikation in der Deutschen Nationalbibliografie; detaillierte bibliografische Daten sind im Internet über http://dnb.d-nb.de abrufbar.
1. Aufl. - Göttingen : Cuvillier, 2011

978-3-86955-736-6

Nonnenstieg 8, 37075 Göttingen
Telefon: 0551-54724-0
Telefax: 0551-54724-21
www.cuvillier.de

1. Auflage, 2011
Gedruckt auf säurefreiem Papier

978-3-86955-736-6

INHALT

1. Einleitung

Nach dem Erscheinen meines ersten Buches über die Firma Herold in Komotau im ehemaligen Sudetenland habe ich viele neue Informationen und Bilder erhalten, die ich in diesem Buch der Öffentlichkeit zur Verfügung stellen möchte. Ich habe sogar von einer Prager Rundfunkstation eine CD mit Klängen von Herold-Glocken zugeschickt bekommen. In der Zwischenzeit ist auch ein neues Buch über die Prager Glocken erschienen, das es ermöglicht, genauere Angaben über die von Herold nach Prag gelieferten Glocken zu machen.

2. Gießer in Komotau vor 1800

Die Heimatkunde[1] nennt aus dem ältesten Stadtbuch von 1468-1583 unter anderem einen Zinngießer, und im Steuerbekenntnisbuch von 1597 wird als selbstständiger Handwerker ein Rotgießer erwähnt.[2] Eine weitere Aussage lautet: „Gegen Ende des 16. Jahrhunderts führten in Komotau das Glockengießergewerbe zwei Glockengießer namens Urban Masi und Paul Numerich aus.“[3] Sie gossen nach Jungwirth 1599 eine Glocke für Komotau.[4]

3. Neues über Pietschmann (Tschechisch: Pičman)

Franz Bernhard Pietschmann heiratete eine Komotauerin und errichtete im Jahre 1795 in Komotau eine Werkstätte in der Klostermannstraße. Dort goss er 1797 eine Glocke für Sebastiansberg.[5] Später hat er die Häuser 460 und 461 in der Glockengasse im Gottesackerviertel gekauft (www.komotau.de). Die Straßenbezeichnung Klostermannstraße taucht im Straßenverzeichnis von 1945 nicht mehr auf.

1816 übernahm sein Neffe Joseph die Gießerei; dessen Schwester Franziska vermählte sich mit dem bei ihrem Bruder tätigen Glockengießer-Gehilfen Karl Julius Herold, der ab 1848 die Gießerei leitete. Der ursprüngliche Leiter der Firma, Franz Heinrich Pietschmann, ging nach Prag.[6] Von ihm gibt es zwei Bruchstücke einer Uhrschlagschelle mit der Aufschrift „GEGOSSEN VON / HEINRICH PIETSCHMANN / IN KOMOTAU ANNO 1857“ (oder 1851).

---

[1] Heimatkunde des Bezirkes Komotau, herausgegeben vom deutschen Bez. Lehrerverein Komotau. 19. Lieferung 1933, S. 92/6.
[2] Heimatkunde, 19. Lieferung 1933, S. 92/6.
[3] Heimatkunde, 20. Lieferung 1934, S. 133/3.
[4] Pater Augustin Jungwirth, O.S.B., Die Glockengiesser von Böhmen, Stift Michaelbeuren 1940, S. 79.
[5] Freundliche Mitteilung von Herrn Jaroslav Drbohlav.
[6] Freundliche Mitteilung von Herrn Jaroslav Drbohlav.

Vielleicht war es so, dass zwar Karl Julius Herold die Firma 1848 übernommen hatte, Franz Heinrich Pietschmann aber noch das Recht besaß, einige wenige Glocken auf eigene Rechnung und Namen zu gießen.

Abb. 1: Die Bruchstücke der Pietschmann-Glocke von 1857(oder 1851), Foto: H. Herold

Eine Pietschmann-Glocke von 1845 kann hier genauer vorgestellt werden (siehe Abb. 2). Sie hat einen Durchmesser von 360 mm und ein Gewicht von 25 kg. Der Glockensammler Kurt Rothmann beschreibt sie wie folgt: „Alte Glocke in gutem Zustand mit 6-facher Krone und dem originalen Holzjoch, die Flanke verziert mit sitzender Figur, in der rechten Hand Palmzweig haltend, in der linken ausgestreckten Hand ein Kreuz. Blick nach oben rechts gerichtet. Auf der gegenüberliegenden Seite von Blättern eingerahmte Stifterinschrift: ALS FROMMES ANDENKEN GESTIFTET VON KARL UND JOSEPHA HOPP. Am oberen Rand schmales Schriftband: GEGOSSEN VON JOSEPH PIETSCHMANN IN KOMMOTAU 1845. Auf der Flanke grosses Zierfries. Mit Klöppel. Die Glocke trägt noch Reste eines dünnen silbergrauen Farbanstrichs, aber keine Spuren von Witterungseinflüssen oder Grünspan.“

Abb. 2: Die Pietschmann-Glocke von 1845. Foto: K. Rothmann

Nach Pater Augustin Jungwirth[7] goss Franz Pietschmann 1829 eine Glocke für Albrechtitsch[8] und 1843 für Raric[9].
Ebenfalls erhalten geblieben ist eine Pietschmann-Glocke von 1810; sie trägt folgende Inschrift: „DIE GEMEINDE WVRZMVS LIES MICH GIESSEN IN KOMVTAV ANNO 1810“. Mit Wurzmus ist der Ort Wurzmes/Vrskmaň gemeint. Diese Glocke ist im Besitz von Herrn Frank Beyer in Deutschneudorf, der mir freundlicherweise diese Information zur Verfügung stellte. Sie hing ursprünglich in der alten Kapelle in Wurzmes, über die Herkunft der zweiten und dritten Glocke in diesem Ort wird nichts erwähnt.[10]

---

[7] P. Aug. Jungwirth, Die Glockengiesser von Böhmen. 1940. Herausgegeben und gedruckt von Margarete Schilling 2000.

[8] Im Ortslexikon Sudetenland von Ernst Pfohl, Nürnberg 1987, gibt es diesen Ort nicht, nur mehrere Orte Albrechtitz/Albrechtice.

[9] Diesen Ort gibt es in dem Ortslexikon Sudetenland nicht.

[10] Komotauer Zeitung, Januar 2009, Seite 35.

Die in meiner ersten Veröffentlichung über die Glockengießerei Herold von 2003 erwähnte Glocke für Wotsch (S. 2) sprang 1838, wurde in Komotau neu gegossen und wog dann 545 Pfund.[11]
Josef Pietschmann goss 1836 eine Glocke für Sadschitz/Zaječice.[12]
Er hat ein Jahr später eine Glocke für Lischwitz/Liběšovice mit reicher Blumenornamentik an dem oberen Teil des Obersatzes gegossen.[13] Nach der gleichen Quelle soll er aus Nixdorf/Mikulášovice nach Komotau gekommen sein. Auf einer Glocke ohne Jahreszahl sind als Gießer Gebrüder (GBR) Pietschmann verzeichnet;[14] hier besteht die Verzierung aus reichlich ausgeschmückten Girlanden.
Um die Mitte des 19. Jahrhunderts soll es in Komotau einen Gießer Jindřich Pitterman gegeben haben, von dem es sogar eine Glocke von 1855 für den Ort Neumark/Všeruby gibt oder geben soll.[15]

4. Neues über die Familie und die Gießerei Herold in Komotau

Abb. 3: Briefkopf von 1916

4.1 Familie

In dem schon im vorigen Kapitel erwähnten Buch[16] gibt es zur Präzisierung der „Herold-Dynastie" einiges zu sagen. Der erste Julius (Karl Julius 1813-1872) kann nicht „um das Jahr 1790" nach Komotau gekommen sein. 1790 (oder 1795?) ist das Jahr, seit dem die Pietschmanns in Komotau Glocken gossen. Der Sohn von Karl Julius, der in dem Buch „Julius der Jüngere" genannt wird, war

[11] Heimatkunde, 20. Lieferung 1934, Seite 133/3.
[12] Komotauer Zeitung Juni 2009, Seite 35.
[13] Obrazy z dějin českého zvonařství (Bilder aus der Geschichte der tschechischen Glockengießerei), Pilsen 2006, S. 110.
[14] Obrazy z ..., Pilsen 2006, S. 110 und S. 111 (auf dieser Seite das Bild).
[15] Obrazy z ..., Pilsen 2006, S. 112.
[16] Obrazy z ..., Pilsen 2006, S. 112.

Julius Franz Josef (1844-1893); er hatte einen Bruder Otto (gestorben 1822) und sieben Kinder, darunter wieder ein Julius, der aber nichts mit dem Glockenguss zu tun hatte, und Richard (1877-1945), der die Glockengießerei und Metallwarenfabrik lange Jahre geleitet hat. Dieser hatte zwei Söhne: Karl Julius und Julius. Letzterer ist ein einziges Mal als Anwesender erwähnt in einem Prüfungsbericht von Monsignore Vaclav Müller vom 10. April 1930.[17]
Im Jahre 1893 wurde Julius Franz Josef Herold (gestorben am 20.3.1893) Stadtratsmitglied in Komotau und kaufte ein Grundstück[18], wahrscheinlich das in der Prager Straße, wo sich bis 1945 der Firmensitz befand. Danach übernahm sein Sohn Richard den Betrieb. Der andere Sohn, Josef (mein Großvater; *Anm. d. Verf.*), hatte 1918 seinem Bruder Richard das Haus im Hammerweg abgekauft – laut Kaufvertrag „Wohnhaus N. C. 894 in Komotau in der Einlage Zahl 1815 des Grundbuches"). Vorher hatte mein Großvater in Kaaden gewohnt. Er musste wegen eines Betriebsunfalls, den sein Lehrling verursacht und der ihm die Existenzgrundlage zerstört hatte, nach Komotau umziehen und dort in den Dienst seines Bruders Richard eintreten. Dass er bei seinem Bruder arbeitete, geht auch aus einem Satz im Kaufvertrag hervor. Das Grundstück am Hammerweg hatte einen großen und gut gepflegten Garten, von dem ich in meinen Unterlagen ein Bild fand (Abb. 4), das aber nicht wegen der Gartenanlage, sondern wegen der im Korbstuhl sitzenden Frau von Interesse ist. Es muss sich nämlich um die Mutter von Josef und Richard Herold handeln, um Frau Johanna Karoline Herold, geb. Töpfer (16.3.1853-30.4.1926). Die jüngere Frau, die neben ihr steht, ist Flora Herold, geb. Flach, die Frau von Josef. Das einzige schriftliche Zeugnis von Johanna Karoline ist auf der Rückseite einer Fotografie (Abb. 5) erhalten, die den früh verstorbenen Adolf am 31.8.1914 zeigt: „Mein Lieber Adolf / gestorben den 7.7.16. / in 26 lebensjahr. / Er Ruhe in frieden, / Mutter".

Abb. 4: Frau Johanna Karoline Herold (links) mit Frau Flora Herold. Foto: privat

[17] Zpráva, Vyšehrad, 10. dubna 1930.
[18] Chomutov Historický průvodce a zajímavosti města, S. 96-97.

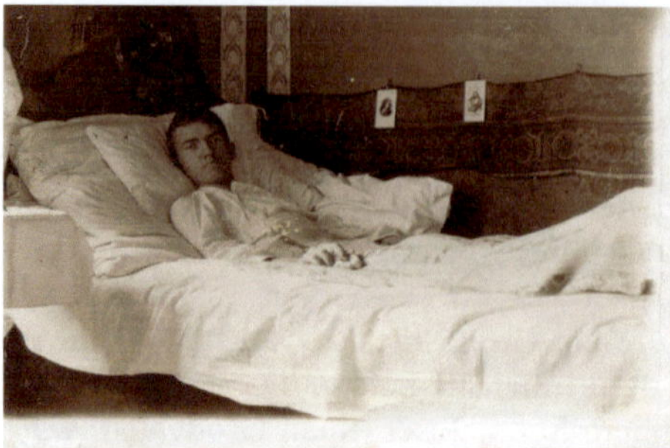

Abb. 5: Der früh verstorbene Adolf Herold. Foto: privat

Gemäß dem Stammbaum der Familie Herold hatte Joh. Karl. H. fünf Söhne und zwei Töchter. Von den Söhnen hieß keiner Bernhard, trotzdem erhielt ich im Januar 2004 eine E-Mail, in der u. a. Folgendes zu lesen war (Übersetzung): „Es ist bemerkenswert, dass der Name Richard – so wie Sie [gemeint ist der Museumsdirektor des Komotauer Museums; *d. Verf.*] schreiben – nicht vorkommt. Es ist mit einer Aufschrift auf der Glocke gegossen im Jahre 1928 belegt: ausdrücklich wird dort angegeben ‚Bernhard Herold in Komotau'. Sie ist eingehängt in der Kirche in Huzová bei Bruntál."[19]
Ich konnte bisher nicht klären, wie es zu dieser Glockeninschrift kam. Mit dieser E-Mail erhielt ich aber wichtige Hinweise auf drei Glocken in Tschechien, die ich weiter unten besprechen werde.
Der Glockengießer Richard Herold war Mitglied in der „Komotovia", die ein Teil der angeblich weltweit agierenden „Herrengesellschaft Schlaraffia" war. In dieser Gesellschaft hatte er als „seßhafter Ritter" den Beinamen „Bimbaum der Glockengießer".[20]

4.2 Werk, Produkte, Angestellte

„Die Firma Herold war hinsichtlich der Qualität der beste Glockenhersteller in der ersten Hälfte [des] 20. Jh. Es sind mehrere Glocken (besonders die kleinen) von Herold in Tschechien bis heute erhalten, aber über die Geschichte der Glockenfabrik in Komotau ist nur wenig bekannt. Kaum jemand weiß, dass Julius Herold [ggf. Brüder Herold; *d. Verf.*] der erste Glockengiesser in Tschechien war, der Glocken schon Ende [des] 19. Jh. mit guten Ergebnissen auch geschweißt hat."[21]
Zum ersten Satz dieses Zitates passt der folgende: „Die Glockengießerei Herold war bis 1945 eine der größten in Böhmen."[22]
In der Heimatkunde von 1934 werden als Produkte auch Uhrschlagwerke und Wasserleitungsrohre genannt.

[19] Freundliche Mitteilung von Bohumil Samek, Übersetzung von Peter Cadek.
[20] Komotauer Jahrbuch Folge 14 von 2009, Seite 163.
[21] Glockensachverständiger der Diözese České Budějovice in einem Brief vom 18.10.2003.
[22] Aus: www.komotau.de unter dem Stichwort „Glockengasse".

Die Prokuristin Hermine Kroh wohnte mit ihren Eltern Josephina und Emil Kroh, Maschinensetzer bei Gebr. Butter in Komotau, in Komotau 549.[23]
Ernst Hermann war Maschinist bei Herold; er stammte aus Horschenz, war im Krieg ‚uk' (unabkömmlich) gestellt und auch noch nach Kriegsende in der Firma.[24]
Bei einem Bombenangriff am 16.12.1944 auf den Maxschacht kam ein Herr Soukup um[25], eventuell ein Beschäftigter der Fabrik, den ich in meinem Buch von 2003 mit Soukop bezeichnet habe.
Eine sehr wichtige Schilderung des Betriebes ist die von Franz Hurka. Er war von 1918 bis Kriegsende 1945 bei der Firma als Schlosser und Dreher angestellt und ist am 15.9.1976 in Lauterbach in Hessen verstorben. Sein Sohn Helmut hat ihn oft im Betrieb besucht und war nach Kriegsende bis Mai 1946 in der Schmiede und am Ruhland (Wirtschaftshof am Abhang des Erzgebirges oberhalb von Komotau) beschäftigt. Franz Hurka fertigte am 1.1.1973 folgende Übersicht über den Betrieb für den Lastenausgleich an:
„In den Kriegsjahren sind verschiedene Erzeugnisse stillgelegt worden und dafür kriegsbedingte Artikel gefertigt worden, dies hatte zur Folge, dass auch der Betrieb eine andere Aufteilung der Arbeitsstätten erhielt ...

Fertigungsprogramm der Firma Richard Herold in Komotau – Gedächtnisprotokoll des damaligen Betriebsleiters des mechan. Betriebes Franz Hurka von 1939-1945:
1.) Glockengiesserei und Motorspritzenbau wurden im Jahr 1939 stillgelegt.
2.) Hauptfertigung des mech. Betriebes waren Stahlflaschenventile für Sauerstoff, Wasserstoff, Stickstoff, Kohlensäure alles in Messing, später in Nichtrostastahl. Diougasventile in Stahl.
3.) Für Luftfahrtministerium: Deutsche Einheitskupplung Storz für Schlauchgrössen A.B.C. mit Strahlrohren. Pressteile wurden vom Presswerk Moosach-München bezogen. Feuerwehrarmaturen für Luftschutz, Verteiler, Hydrantenunterflur-Standrohre, Übersetzungen alles in Alu [dieses Wort kann ich nicht ganz genau lesen; *d. Verf.*], Kübelspritzen für Luftschutz.
4.) Für private Firmen und Installateure (Nebenfertigung) Vernickelte u. verchromte Wasserleitungs-Badearmaturen, Heizkörperventile u. Verschraubungen, Berieselungsventile u. Spritzdüsen für Braunkohleschächte. Brauereiarmaturen, für Rostock u. Baerlocher Klosterneuburg. Handluftpumpen sowie das damals neue Anstichkörper-System Günthers-Normal alles in Messing u. Bronze ...

Antriebskräfte für d. mechanischen Betrieb und Maschinen:
1.) 30 % vom Maschinenpark waren Neuanschaffungen (Pitter Revolver Drehbänke) und anderes, hatten elektrischen Einzelantrieb. Restliche 70 % waren

[23] „The trautermann Chronicle", das Journal eines Wiener Genealogen.
[24] Freundliche Mitteilung von Franz Pommer, Essen, im Mai 2004. Ernst Hermann war sein Onkel.
[25] Freundliche Mitteilung von Herrn Karl Pensel vom 13.6.2004.

ältere Maschinen und wurden von einer 220 P.S. Dampflokomobile (Lanz) durch Transmissionen, Vorgelege und Riemen angetrieben.

2.) Beheizung der Fabriksräume.

Büro, Hauptgebäude sowie Aluminiumdreherei, Montagehalle und Eloxierbad hatten Dampfauspuffheizung von der Lanzlokomobile, bei Frost noch zusätzlich Direktdampf. Entlegene Arbeitsstätten Kohleofenfeuerung."

Er gibt in einem beigefügten Plan folgende Maße des Grundstückes an: Länge der Straßenfront 104 m, linke Breite 70 m, rechte Breite 55 m, das ergibt eine Fläche von 5785 m².

In einem Aufsatz von Rudolf Koenig mit dem Titel „Wer und was war im Komotauer Bezirk zuerst?" erfährt man, dass Herold auch noch ein Zweigwerk in Tschern/Všehrdy hatte: „... den ersten Traktor, Marke ‚Bulldogg', das Ziegelwerk Richard Herold in Tschern."[26]

Über die Firma Rostock und Baerlocher in Klosterneuburg konnte ich im Internet einen Aufsatz finden. Sie wurde 1903 gegründet und stellte Standfässer für Weinbaubetriebe her, später auch für Brauereien.

Über das Presswerk in München-Moosach konnte ich Folgendes herausfinden: Das „Kupfer und Messingpresswerk Moosach GmbH" (das Herr Hurka in seinen Erinnerungen wahrscheinlich meint) wurde aus dem „METALLPRESSWERK MÜNCHEN GMBH" „herausgelöst", wie es auf der Internetseite mit der Überschrift „Geschichte" dieses Werkes heißt (www.metallpresswerk-muenchen.de). Oder handelte es sich um die „Kupfer- und Messingwerke Moosach AG", die nach 1931 „die Fertigung von Preßteilen aus Aluminiumlegierungen"[27] aufnahmen?

Beim Anstichkörper-System Günthers-Normal (siehe Anzeige in meinem Buch von 2003 vor Seite 21) muss es sich um eine Armatur zum Bierzapfen gehandelt haben.

Ein paar weitere Ausführungen zur Firma finden sich auch noch im Abschnitt „Saaz" unter der Überschrift „Glockenorte von A bis Z".

---

[26] Komotauer Zeitung vom März 2009, Seite 9.

[27] Volker D. Laturell und Georg Mooseder: MOOSACH Entstehungs- und Entwicklungsgeschichte eines Münchner Stadtteils, Band II, 1985.

Abb. 6: Ansicht des Firmengeländes von Süden und von der Prager Straße aus in den 60er Jahren, Foto: Pachner. Der übersetzte tschechische Text zu diesem Bild aus dem Buch „Verschwundenes Komotau" sagt u. a.: „Die nach 1945 aufgelöste Fabrikanlage haben die Walzwerke übernommen, welche hier ihre Lehranstalt errichteten. Bei dem Aufbau des neuen Areals der Lehranstalt wurde die Herolds-Fabrik" abgerissen. Der Satz musste von mir mit „abgerissen" ergänzt werden, da hier der tschechische Text endete. Übersetzung von Peter Cadek, Hanau.

Zu dem obigen Foto passt folgende Mitteilung von Herrn Karl Pensel sehr gut: „In den Jahren 1938/39 wurde die Straße zum Maxschacht (vorher nur ein unbefestigter Fahrweg) gebaut, und die Trasse um etwa 5-10 m in Richtung Glockengießerei verlegt. Dabei wurde der Zaun der Glockengießerei abgerissen und ... zurückverlegt. Zum Vorschein kam eine wunderschöne Obstbaumwiese, auf der wir als Kinder immer spielten und die die ‚Heroldwies' genannt wurde. ... Ich nehme an, sie [die Wiese; *d. Verf.*] wurde wegen des Straßenbaus von der Firma Herold verkauft. Die neue Straße führte zur Schraubenfabrik, von einem Getreidelager (16.12.1944 Bombenvolltreffer) zur Zuckerrübenverladestation (Bahnanschluß) zur Komotauer Mülldeponie und zur Glashütte."[28]
Von diesem Obstgarten gibt es eine tragische Geschichte zu berichten: Hier hat sich im Zweiten Weltkrieg ein Russe erhängt, weil er beim Brotdiebstahl erwischt worden war.[29]

[28] Freundliche Mitteilung von Herrn Karl Pensel vom 13.6.2004
[29] Freundliche Mitteilung von Herrn Franz Pommer im Mai 2004.

Abb.7: Hauptgebäude kurz vor dem Abriss. Der Aufzug ist schon entfernt; an den länglichen Fensterhöhlen sieht man, wo er sich befand. Foto: F. Pommer.

Dieses Gebäude (Abb. 7) war 40 m lang und 13 m breit. Im ersten Stock befanden sich u. a. Prüfstand und Montage von Stahlflaschenventilen, Maschinensaal, im zweiten Stock u. a. Versand- und Packraum, Lehrwerkstätte und Schulungsraum, im Dachgeschoss u. a. ein sog. „Gefolgschaftsraum" sowie Regale für die Lagerung von Armaturen.[30]

Mit der obigen Abb. 7, die den beginnenden Abriss anzeigt, soll ein weiteres Thema in dieser Abhandlung angesprochen werden. Über den Zeitpunkt des Abrisses der Fabrikanlage bestehen sehr ungenaue Angaben. In einem tschechischen Buch über Komotau heißt es übersetzt: „Die Fabrikanlage wurde erst im Jahre 1950 liquidiert".[31] Damit ist aber höchstwahrscheinlich gemeint, dass die Produktion dieser Fabrik eingestellt wurde. Ich hatte in meinem ersten Buch geschrieben, dass der Betrieb nach dem Krieg mit Chotěboř zusammengelegt worden war. Bei meinem ersten Besuch in Komotau 1975 standen die Fabrikgebäude noch, doch habe ich mich wegen der strengen Regelungen im Kommunismus über das Fotografieren von wichtigen Anlagen nicht getraut Bilder zu machen. Auf einem Foto von Karl Pensel von 1985 besteht die Fabrik ebenfalls noch. Wahrscheinlich war es so, dass die Gebäudeteile zu verschiedenen Zeitpunkten abgerissen wurden. Heute befindet sich auf diesem Gelände eine „Mittlere Fachlehranstalt" (SOU – Střední odborné učiliště technické).[32]

[30] Alle Angaben nach Franz Hurka.

[31] „Chomutov Historický průvodce a zajímavosti města", Chomutov 1978, Seite 97.

[32] Freundliche Mitteilung von Stanislav Děd vom 4.3.2008.

Abb 8: Das Verwaltungsgebäude der Firma Herold in neuerer Zeit. Foto: F. Pommer

— *Richard Herold*, Pragerstraße 702. Glockengießerei u. Metallwarenfabrik. Maschinenziegelei, Braunkohlenbergbau, Mariahilf-Zeche (1544). ✝ Glockengießerei. Norm. 200 Arb. Dampfm. 120 PS. *Spez.:* Kirchenglocken, elektr. Turmglockenläutemaschinen, moderne Feuerlöschgeräte, Motorspritzen, sämtl. Feuerwehrbedarf. Spritzen zur Vertilgung von Pflanzenschädlingen, Metallguß aller Art, Bade-, Heizungs- und Bierarmaturen. **T** 68. **P** Prag 73.470. ⚑. **Bkv.:** Böhm. Escomptebank u. Creditanstalt.

Abb. 9: „Industrie-Compass Cechoslowakei“ 1938/39 Seite 639/40

Es folgen nun einige Bilder aus Familienbesitz, die ich für interessant und wichtig halte.

Abb. 10: Der Text auf der Rückseite des Bildes: „Beginn der Form am Schlupp“. Besonders interessant ist hier die waagrechte Spindel, die heutzutage gar nicht mehr verwendet wird.[33]

Abb. 11: Eine Glocke mit Henkelkrone – später waren es meistens nur Tellerkronen – wird im Hof bearbeitet. Oder soll sie vielleicht zerschlagen werden, um sie umzugießen? Ein Hinweis darauf wären die altertümliche Krone und der schwere Hammer, mit dem die Glocke bearbeitet werden soll.

[33] Vergleiche hierzu den Artikel von André Lehr im JbGK 9/10, S. 99ff.

Abb. 12: Das Bild trägt auf der Rückseite den Text „Auspacken u. bearbeiten der Glocken". Die Glocke im Vordergrund hat eine tschechische Aufschrift, die mittlere trägt ein Bildnis des hl. Georg.

Abb.13: Ein Blick in den Hof der Glockengießerei. Bei der Glocke rechts im Vordergrund ist die Tellerkrone ganz deutlich zu sehen.

Abb. 14: Das Probeläuten von drei Glocken

4.3 Konkurrenzfirmen

Eine der Konkurrenzfirmen war die 1908 in Brünn-Husovice gegründete Firma Manoušek: „R. Manoušek und Co., Metallwarenfabrik, Metall- und Glockengießerei". In einem deutschsprachigen Prospekt der Nachfolgefirma Manoušek heißt es: „Die zwanziger Jahre brachten eine erhöhte Nachfrage nach Glocken, aber trotzdem war es nicht einfach, sich in der Konkurrenz fremder Firmen durchzusetzen. Deshalb vervollkommnete R. Manoušek intensiv die eigene Konstruktion der Glockenrippen und glich sich mit der Qualität den damals am meisten gesuchten deutschen Firmen Perner und Herold an und übertraf sie sogar."

Weitere Konkurrenzfirmen waren u. a.

- Lorenz Pistorius Eger[34],
- Oktav Winter in Braunau i. B. [in Böhmen][35],
- Ad. Hiller's Witwe u. Sohn in Brünn[36],
- die k. u. k. Hof-Glockengießerei P. Hilzer in Wiener-Neustadt[37].
- „Die jüngsten Glocken, die von mehreren Glockengießereiwerkstätten nach beiden Kriegsrequirierungen gegossen wurden, lieferten die Firmen Buřil und Riss aus Kuklena bei Königgrätz, Laeticie Dytrychová aus Brodek bei Prerau, ... , Rudolf Perner aus Budweis, Peter Schilling aus Apolda, Josef Tkadlec aus Hallenkau ..."[38]

---

[34] Deutsche Presse Prag vom 24.4.1926 und 19.6.1926, S. 8.
[35] Deutsche Presse Prag vom 17.1.1926, S. 8 und 31.1.1926, S. 8.
[36] Verbands-Blatt d. deutschen katholischen Geistlichkeit, Heft 6, S. 176.
[37] Correspondenz-Blatt für den katholischen Clerus Oesterreichs, Heft 1 1901, Spalte 571.
[38] ZVONY NA ŠUMPERSKU A JESENICKU, Olomuc 2004, S. 146, die schon genannten Unternehmen habe ich weggelassen.

4.4 Die Mariahilfzeche

Nach dem Erscheinen meiner ersten Veröffentlichung über die Glockengießerei Herold in Komotau im Jahre 2003, in der ich diese Zeche nur kurz erwähnen konnte, wurde ich darauf hingewiesen, dass im Internet das Bergwerksverzeichnis des Oberbergamtes in Freiberg einzusehen sei. Deshalb ist es mir jetzt möglich, über diese Zeche genauere Angaben zu machen.

„Lage: Pritschapl, Kr. Komotau.
Bergamtsrevier: Komotau.
Eigentümer und Verwaltung: Fabrikant Richard Herold in Komotau. (Ruf: Komotau 68).
Betriebsanschrift: Mariahilfzeche Rich. Herold in Pritschapl, Post Eidlitz. (Ruf: Eidlitz 7).
Technische Betriebsleitung: Steiger Josef Lischka.
Betriebsanlagen: Tiefbau. 1 Förderschacht, 1 Aufbereitung.

		1938	1939
Arbeiter unter Tage		**15**	**12**
Arbeiter über Tage		**5**	**5**
Technische Angestellte		**1**	**1**
Kaufmännische Angestellte		**1**	**1**
	zusammen	**22**	**19**
Braunkohle	**T**	**10.013**	**10.312**“[39]

Bis zum Jahre 1941 hatte sich die Belegschaft auf 12 Personen reduziert und die Produktion von Braunkohle auf 5.251 t, obwohl sie 1940 noch 12.676 t betragen hatte.[40]

5. Das Gerstner-Denkmal in Komotau

„Der deutsche Ingenieurverein in Komotau regte 1926 die Errichtung eines Gerstnerdenkmales in seiner Vaterstadt an, die Stadtgemeinde bewilligte hiezu [so!] den Siemensplatz und wurde ein Wettbewerb ausgeschrieben. Der Entwurf des Architekten Karl Ernstberger u. Bildhauer Anton Holub aus Karlsbad, wurde aus den 18 eingegangenen zur Ausführung angenommen und der Kostenvoranschlag von 160.000 Kč genehmigt. Die Baumeisterarbeiten erhielt die Baufirma Ing. Karl und Architekt Oskar John, die Steinmetzarbeiten die Bildhauerfirma E. Gelinek, die Herstellung des Broncereliefs die Metallwarenfabrik und Glockengießerei Richard Herold, alle in Komotau. Den Stein zum Denkmal lieferte die Firma Scharf in Fichtelberg, Bayern ... Am 26. Juni,

[39] „Bergwerksverzeichnis des Oberbergamts Freiberg 1939/40“ mit der Bemerkung „Nur für den Dienstgebrauch“, aufgeführt unter der Nr. 201 auf S. 107/08. Durch das Abschreiben grafisch leicht verändert.

[40] „Bergwerksverzeichnis ... 1941/42, Stand Juli 1942“, S. 53.

es war ein Sonntag hell und klar, fand die feierliche Enthüllung des Denkmals statt."[41]

Franz Joseph Ritter von Gerstner (geboren am 23.1.1756 in Komotau, gestorben am 25.6.1832 bei Jičin/Jičin) studierte an der Universität Prag; ab 1871 war er in Wien, wo er oft die Sternwarte besuchte. 1789 ordentlicher Professor der höheren Mathematik. Er erarbeitete Lehrpläne für technische und landwirtschaftliche Studiengänge und war der geistige Gründer des ständischen polytechnischen Institutes in Prag – also der ersten technischen Hochschule des Kontinentes. Statt des Baues eines Verbindungskanals zwischen Moldau und Donau schlug er den Bau einer Eisenbahnlinie von Budweis nach Linz (131 km) vor, deren Vorarbeiten 1824 von seinem Sohn Ing. Franz Anton G. abgeschlossen wurden; am 1.8.1832 wurde die Strecke eröffnet.[42]

6. Glocken

6.1 Glockenorte von A bis Z

Vorbemerkung: Einige Glockenorte sind auf einer Liste verzeichnet, die einer CD mit Klängen von noch in der Tschechischen Republik läutenden Herold-Glocken beigefügt war (siehe Kapitel 6.4.).[43] Bei diesen Glocken werde ich als Quelle nur „CD" angeben.

1. Altbunzlau/Stará Boleslav: „Das Carillon der Marienkirche in Stará Boleslav /Altbunzlau in der Nähe von Eger: 10 Glocken von R. Herold von 1931". Auf der CD-Begleitschrift genannt.
2. Althabendorf/Starý Habendorf: Dieser Ort ist schon in meiner Veröffentlichung von 2003 erwähnt; mittlerweile habe ich die folgende Ansichtskarte (siehe Abb. 15) von der Glockenweihe am 27.8.1922 erhalten. Auf der Rückseite dieser Karte sind neben den Nominaltönen der einzelnen Glocken F-As-C-Es auch ihre jeweiligen Gewichte (reines Glockenmetall) angegeben: 950, 500, 250, 160, 56 und 44 kg. Auf der Ansichtskarte sind sechs Glocken abgebildet; rechts oben hängen zwei hintereinander, man sieht es an den beiden Glockenseilen. Aber warum sind nur vier Nominaltöne angegeben? Vielleicht sind das die Stimmungen der vier neu gegossenen Glocken, nachdem ihre Vorgängerinnen im Ersten Weltkrieg eingeschmolzen worden waren? Auch im Zweiten Weltkrieg blieb den drei größten Glocken der Abtransport „zu Kriegszwecken" nicht erspart (Abb. 16). Die abgelieferten Glocken kamen nach Prag-Maniny.[44]

[41] Aus: „Die Quelle", Nr. 7, 4. Jahrgang, Juli 1932, S. 1 und 2.
[42] Nach Sepp Seifert: Komotauer im Strom der Zeit, Ingolstadt 1977, S. 34ff, und Ansichten der Ferdinands-Nordbahn, Dortmund 1981, S. 3ff.
[43] Zugeschickt bekommen im Mai 2003 von Herrn Radek Rejšek in Prag 6.
[44] Freundliche Mitteilung von Marek Bohouš 2010.

Abb. 15 (links): „Zur Erinnerung an das Fest der Glockenweihe in Althabendorf am 27. August 1922“

Abb. 16 (rechts): Die drei Glocken von Althabendorf vor dem Abtransport zu Kriegszwecken am 24.3.1942. Foto: Frau M. Simova aus Stráž nad Nisou(CZ)

Frau Mirka Simova teilte in ihrem Schreiben auch die Inschrift der Totenglocke (56 kg) mit: HL. KIRCHENPATRONIN KATHARINA BITTE FÜR UNS ALLE IN DER STUNDE DES TODES UM EINE GLÜCKLICHE STERBESTUNDE GEWIDMET VON DER BAUFIRMA ANTON U. JOSEF PLISCHKE SCHÖNBORN-ALTHABENDORF 1922.

3. Anonyme Glocke: Bei dieser Glocke wurde der Ortsname (und die Jahreszahl?) entfernt. Sie hat einen Durchmesser von 594 mm und wiegt 120 kg. Inschrift am Wolm: MICH GOSS RICHARD HEROLD, KOMOTAU, GEWIDMET VON DER KIRCHENGEMEINDE ... Untere Inschrift: MARIA HILFT IMMER IN JEGLICHER NOT. „Dazwischen ein sehr sorgfältig ausgearbeitetes Model mit einer Darstellung, die auf Mariä Heimsuchung hinweist. Links die knieende Elisabeth, rechts Maria mit dem Wanderstab in der linken Hand, die Rechte reicht sie ihrer Base Elisabeth. Im Hintergrund eine Palme als Hinweis auf das Heilige Land.“[45] (s. Abb.17)

[45] Zitiert nach einem Brief von Herrn Kurt Rothmann vom 9.10.2006.

Abb. 17: Anonyme Glocke, Foto: K. Rothmann

4. Auscha/Úštěk: Vier Glocken mit den Nominaltönen E–G–H-cis und dem Gesamtgewicht von 2210 kg (s. Abb. 18; aus Katalog der Firma Herold vom Sep. 1937).

Abb. 18: Auscha: Dieses Bild hat Seltenheitswert, weil es laut rückseitiger Beschriftung Richard Herold zeigt. Meiner Ansicht nach ist es die linke Person; als einzige Vergleichsmöglichkeit diente mir das Foto aus „Komotauer im Strom der Zeit", Seite 69. Die andere Person ist Direktor Willib. Mrosche(n?). Die Inschrift der zweiten Glocke von links in Kleinbuchstaben: „Heilige Maria, / Schmerzensreiche, / bitte für unsere Helden / des Weltkrieges 1914-18." Die Inschrift der zweiten Glocke von rechts unter dem Stadtwappen, ebenfalls in Kleinbuchstaben: „Gewidmet von / der Stadtgemeinde Auscha."[46]

5. Blisowa/Blížejov: Hier gab es eine Glocke aus der Zeit vor 1893 mit folgender Aufschrift: „Gegossen von Julius Herold in Komotau", die mit einem Kreuz, der hl. Maria und dem hl. Martin geschmückt ist.[47] (s. Abb. 19!)

[46] Dieses Bild bekam ich freundlicherweise zugeschickt von Frau I. Dittrich 2004.
[47] Nach einem Text des Heimatkreises Bichofteinitz e. V. im Internet.

Abb. 19: Glocke von Blisowa/Blížejov, Foto Westböhmisches Museum Pilsen

6. Breitenbach im Erzgebirge erhielt ein Es-Dur-Geläute mit drei Glocken, von denen sich im Katalog von 1922 ein Bild befindet. Von dieser Fotografie erhielt ich eine so gute Reproduktion, dass es sich lohnt, sie hier wiederzugeben (Abb. 20). Die Glocke rechts unten ist die „Josephine“ für Wien-Grinzing (Weihe am 29.12.1909).[48]

[48] Das Bild habe ich freundlicherweise zugesandt bekommen von Herrn Petr R. Manoušek, Prag. Zu Wien siehe: H. Herold „Die Glockengießerei und Metallwarenfabrik Herold in Komotau“, 2003, S. 53.

Abb. 20: Das Es-Dur-Geläute von Breitenbach im Erzgebirge mit der Glocke „Josephine" für Wien-Grinzing.

7. Dux/Duchcov: Hier hängt in der ehemaligen Luther-Kirche noch eine Glocke von 1901, die außer der Jahreszahl nur den Namen Julius Richard Herold und am Wolm einen Zierfries trägt.[49]

8. Eidlitz/Údlice: Die kleine Glocke aus Eidlitz ist eine der seltenen Glocken, die noch von der Firma Herold in Deutschland (Dreieichenhain-Sprendlingen) vorhanden sind. Sie trägt folgende Inschrift in Kleinbuchstaben: „Gegossen von / Julius Herold Söhne / in Komotau 1883." Höhe 35 cm mit Krone, ohne Krone 28 cm, unterer Durchmesser 37 cm, Gewicht 42,2 kg (s. Abb. 21).

[49] Dreiseitiges Faltblatt (mit 6 Seiten) von 1999 mit der Überschrift „DUCHCOVSKÁ HARMONIE", herausgegeben von Jaroslav Drbohlav.

Abb. 21: Glocke Eidlitz von 1883. Foto: H. Herold

Als Ergänzung zu den Eidlitzer Glocken in meiner Veröffentlichung von 2003, S. 31, soll noch Folgendes aus einem Artikel aus der Komotauer Zeitung (Feb. 2009) ergänzt werden: Die Glockenweihe des g-Moll-Geläutes fand am 11.6.1922 statt; die Kosten der Glocken lagen bei 54.000 Kc. Zwei der drei Glocken wurden im Januar 1941(?) abgenommen und mit einem Schlitten abtransportiert. Außerdem wird in dem oben erwähnten Artikel mitgeteilt: „Der in Calgary/Kanada lebende Eidlitzer Josef Hinke spendete zur Anschaffung der Glocken fünf Dollar = 254 Kc mit nachfolgendem Schreiben: Calagary, Canada, 20. Jänner 1922 ...

Wer hätte das gedacht,
daß sowas wird passieren,
daß die geliebte Heimatstadt
die Glocken könnt verlieren.
Klingt mir noch jetzt im Ohre,
obgleich es schon sehr lang,
wie ich als frommer Knabe
oft zog am Glockenstrang.

Das Schicksal wollt' es so,
man darf da nicht verzagen,

muß alles Leid vergessen
und vom Frischen wagen,
und daß es schwere Opfer kost‘,
zum Werk vollenden
will auch ich aus Dankbarkeit
ein kleines Scherflein spenden.“

9. Großmergthal/Mařenice bei Deutsch Gabel: 1922 hatte dieser Ort schon das Bergglöckchen im Gewicht von 35 kg erhalten; es läutete in der Kapelle des Stationsberges. Am 2.6.1929 wurden drei neue Glocken für die Kirche „Maria Magdalena“ geweiht, die zu einer größeren historischen von 1609 hinzukamen; sie kosteten insgesamt 18.114 Kronen. Erste Glocke: „Mütterehrungsglocke“, 310 kg, Nominal h‘. Zweite Glocke: „Gefallenenglocke“ (wahrscheinlich zum Gedenken an die Gefallenen aus dem Ersten Weltkrieg), 175 kg, Nominal d‘‘. Dritte Glocke: „Sterbeglocke“, 61 kg, Nominal gis‘‘. Diese Glocken mussten im März 1942 für Kriegszwecke abgeliefert werden.[50]

10. Grottau/Hradek an der Neiße: Auf dem Kirchturm der ev. Friedenskirche von Grottau ist noch die kleine Glocke as‘ $^{+5,5}$ vorhanden. Sie hat einen guten Klang, trotz eines Stahlglockenstuhles, gußeisernem Torjoch der Glockengießerei Bierling (Dresden 1901) und fallendem österreichischem Flachklöppel. Diese gute und schöne Glocke (hervorragendes Musikinstrument) habe ich für eine Tonaufnahme persönlich einmal läuten dürfen ... Der Durchmesser beträgt 946 mm. Die größeren Schwestern f‘ und des‘ mussten abgeliefert werden.[51] Aus einer Notiz in meinen Aufzeichnungen geht hervor, dass sie auch von Herold stammt.

11. Grünau/Gruna: Vier Glocken von 1926 (gespendet zum Kirchbau 1926) und 1933. Erste Glocke: gis‘, ca. 630 kg, 99 cm; Inschriften: EHRE SEI GOTT IN DER HÖHE und Spender SAMUEL SIMONOVITS, KIRCHENKASSIERER S. GATTIN THERESIE GEB. FAKUNDINY, Preis 16.200 Kronen. Zweite Glocke: h‘, ca. 320 kg, 83 cm; Inschriften: FRIEDE AUF ERDEN und Spender WILHELM OSSWALD, PRESBYTER S. GATTIN ANNA GEB. FAKUNDINY, Preis 10.000 Kronen. Dritte Glocke: cis‘, ca. 260 kg, 72 cm; Inschriften: DEN MENSCHEN EIN WOHLGEFALLEN und Spender GOTTFRIED RUTTMAR, KIRCHENVATER S. GATTIN ELISABETH GEB. WITTICH, Preis: 6000 Kronen; da er kein Bargeld besaß, verkaufte er seine Ochsen und gab den Erlös für die Glocke. Der erste Glöckner Gottfried Ruttmar jun. verpflichtete sich, ein Jahr lang gratis zu läuten. Vierte Glocke: Zu ihrer Anschaffung wurde 1916 ein Fond gegründet, der bis zur 450. Wiederkehr des Geburtstages von Martin Luther im Jahre 1933 auf

[50] Alle Angaben nach Mitteilungen von Walter Knobloch 2004 und Arnold Rißler 2003.

[51] Arnold Rißler in E-Mails vom 22. und 27.11.2003.

24.242 Kronen angewachsen war. Von diesem Geld wurde die Glocke bezahlt; sie hat den Nominalton e‘, wiegt netto 1055 kg (mit Joch 1350 kg) und hat einen Durchmesser von 125 cm. Inschriften und Bilder: EIN FESTE BURG IST UNSER GOTT, darüber das Kreuz und darunter die Jahreszahlen 1483-1933; auf der anderen Seite DIE GRÜNAUER EVANGELISCHE JUGEND 1926-1933. Die Jahreszahl 1926 erscheint deshalb, weil die Jugend von Grünau in diesem Jahr beschlossen hatte, den oben erwähnten Fond finanziell zu unterstützen.[52]

12. Grund/Grunt (?): Von diesem Ort habe ich nur eine Ansichtskarte mit folgenden Informationen: Nominal D mit 1400 kg, Nominal Fis mit 750 kg, beide mit gekröpftem Joch, Nominal H mit 273 kg mit geradem Holzjoch. Auf der Rückseite der Karte ist noch Nominal A angegeben, aber ohne Gewichtsangabe. Auf der Vorderseite sind auch nur drei Glocken abgebildet. Die Glockenweihe fand am 24.12.1922 statt.

13. Haindorf/Hejnice bei Friedland/Frýdlant: Vier **alte** Glocken. Erste Glocke: Franziskusglocke, Durchmesser 136 cm, mit dem Bild des Hl. Franziskus auf der einen und dem Wappen der Franziskaner auf der anderen Seite. Inschrift: DIESES GELÄUTE WURDE ANGESCHAFFT UNTER DEM PATRONATE SR. EXZELLENZ, DES HOCHGEBORENEN HERRN GRAFEN FRANZ CALM-GALLAS, UNTER DEM PROVINZIALATE DES HOCHW. HERRN A. R. P. ROGER KONHEFER UND UNTER DEM GUARDIATE DES HOCHW. HERRN R. P. DOMINIK DENEMARK, PFARRERS IN HAINDORF, IM JAHRE DES HEILES 1914. Zweite Glocke: Ave-Maria-Glocke mit einem Durchmesser von 56 cm, mit Marienbild und der Jahreszahl 1762. Dritte Glocke: Sanctusglocke mit dem Durchmesser 70 cm ebenfalls mit einem Marienbild und der Jahreszahl 1762. Vierte Glocke: Sterbeglöcklein mit dem Durchmesser 68 cm, auf der einen Seite ein Muttergottesbild und auf der anderen ein Kreuzbildnis. Die beiden Inschriften lauten: GEGOSSEN HAT MICH RICH. HEROLD IN KOMOTAU, DURCH FLEISS UND GOTTES GNADE und AES DEO SANCTISQUE SOLEMNI RITEC REFECTUM EST (Die Bronze wurde für Gott nach ehrwürdigem feierlichem Brauch neu angefertigt. Übersetzung: R. Harich, Bruchköbel). Über die Nominaltöne erfahren wir aus der Quelle nur, dass die Glocken in der D-Dur-Stimmung D-fis-A-d gestimmt sind, im Originaltext wird aber die kleinste Glocke als erste genannt. Deshalb kann ich nicht sagen, welcher Nominalton zu welcher Glocke gehört. „Durch die Bemühungen des Pfarrers P. Dominik Denemark wurde mit Hilfe vieler Gönner 1914 ein neues Geläute“ ... mit einem „Gesamtgewicht von ungefähr 2905 Kg“ (so!) angeschafft. Der Preis betrug einschließlich der Vergütung für die alten Glocken 11.000 Kronen. Die Weihe fand statt am Pfingst-

[52] Alle Informationen entnommen aus einem Text von Norbert Gschweng, Greifswald, vom 7.7.2004.

sonntag 1914 und wurde vorgenommen durch P. Roger Konhefr, Provinzial aus Prag. Jede Glocke trug das Wappen des Franziskanerordens. Zu Kriegszwecken wurden sie am 19.12.1917 abgenommen. Die fünf **neuen** Glocken von 1924: 1) 1843 kg, von dieser Glocke gibt es eine Ansichtskarte, siehe Abb. 22, 2) 1317 kg, 3) 894 kg, 4) 522 kg und 5) 378 kg. Die Glockenweihe fand am 13.4.1924 statt.[53] In einem Brief vom 5.12.1929 schrieb Richard Herold an das Bauamt vom Kloster Tepl, um sich um den Guss neuer Glocken zu bewerben: „Aehnliche Verhältnisse wie die Türme des Stiftes Tepl aufweisen, haben auch in dem Wallfahrtsorte Haindorf bestanden und nach dort lieferte ich ein Glockengeläute in der Stimmung: B-Des-Es-F-As-B, hängt die grosse Glocke für sich allein und die anderen 5 Glocken in einem eisernen Glockenstuhl im zweiten Turm.“

Abb. 22: Die große Glocke von Haindorf mit 1843 kg auf einer Ansichtskarte.

14.Hodolein/Hodolany: Eine Glocke von 1923.[54]

---

[53] Nach Kopien aus einem Buch vom Bischöflichen Ordinariat Görlitz ohne Titel, Kapitel „Glocken“, S. 130-133.
[54] Freundliche Mitteilung von Bohumil Samek vom 16.1.2004.

15. Hof/Dvorce Kreis Bärn/Moravský Beroun: Pfarrkirche St. Ägidius. „Im Jahre 1925 erhielt der durch acht Jahre leer stehende Glockenturm wieder neue Glocken, die die Namen: St. Ägidius (643 kg), St. Maria (359 kg) und St. Bonifatius (245 kg) führen. Sie sind in der Glockengießerei Herold in Komotau gegossen worden und kosteten 39 500 Kč, welcher Betrag zum größten Teil durch Spenden der Pfarrkinder von Hof und Maiwald aufgebracht wurde.“[55]

16. Hombok/Hlubočky bei Olmütz/Olomouc: Hier gibt es eine Glocke von 1922.[56] Sie trägt als Verzierung ein Bildnis des Hl. Florian und folgende Inschrift: „O TÖNE GLOCKE HELL UND KLAR; / UNS KÜNDEND WIEDER FRIEDENSJAHR / UND MAHNE WIE VOR JAHREN; / ZUR ANDACHT DIE CHRISTENSCHAREN. / MICH GOSS RICHARD HEROLD, KOMOTAU 1922“[57]

Abb. 23: Die noch erhaltene Glocke von 1922 von Hombok, Foto von Marek Bohouš

[55] Aus dem Jahrbuch der Heimat für den Kreis Bärn 1953 von Johann Theimer im Internet http://home.pages.at/kbeier/Kirchen.htm.

[56] Freundliche Mitteilung von Herrn Bohumil Samek vom 16.1.2004 per E-Mail.

[57] Alle Informationen in „Aus der Gemeindegeschichte, Interessantes“ (der Gemeinde Hlubočky in Tschechien) vom 26.9.2010, Übersetzungen von Peter Cadek, Hanau.

Diese Gemeinde hatte 1908 drei Glocken von Herold erhalten (siehe Abb. 40 in meinem Buch von 2003), die sie aber alle im ersten Weltkrieg abgeben musste und nicht wieder bekam. Deshalb bestellte sie 1922 drei neue Glocken, von denen nur die eine hier abgebildete noch existiert.[58]

17. Horčitz/Horčice bei Přestitz/Přestice: In diesem Ort war eine Glocke von 1721 des Gießers Jan Pricqueye mit dem Schlagton c''' und dem Durchmesser von 360 mm vorhanden. Dazu hat Herold 1923 eine Glocke mit dem Schlagton es'' $^{+1}$ und dem Durchmesser von 600 mm gegossen. In dem Bericht vom 5.11.1929 aus Pelhřimov, die Unterschrift des Gutachters ist nicht zu lesen, wird außer den obigen Daten festgehalten: Die in Anwesenheit von Pfarrer Pixa vorgenommene Prüfung mit einer Edelmanns Stimmgabel hat ergeben, dass die beiden Glocken nicht zusammenpassen. – Deswegen gießt Herold eine Glocke mit dem Nominal c'', dem Gewicht von 276 kg und dem Durchmesser von 750 mm hinzu, was in einem Gutachten vom 10.4.1930 von Monsignore Vaclav Müller festgehalten wird; die eigentliche Prüfung hatte am 28.3.1930 stattgefunden. Dies ist der einzige mir bekannte Bericht, in dem Julius Herold, ein Sohn von Richard, erwähnt wird.[59]

18. Hoštka/entweder Hesselsdorf bei Tachau oder Gastdorf bei Wegstädtl: Eine Glocke von 1881. Auf der CD-Begleitschrift genannt.

19. Hronsky Sv. (Kirche) Kříž, Slowakei: Zwei Glocken in Fis und A mit dem Gesamtgewicht von 1270 kg. Quelle: Kloster Tepl/Tepla.

20. Kallich/Kalek im Bezirk Komotau: St. Wenzel-Kirche: Die alten Glocken wurden am 18. Juni 1922 ersetzt durch zwei neue aus der Glockengießerei Herold in Komotau. „Die große Glocke, abgestimmt auf ‚C', hatte einen Durchmesser von 77 cm und ein Gewicht von 212 kp. Ihre Inschrift lautete: ‚Zu Wenzels Preis erschalle Mein feierlich Geläut / St. Wenzel nehm' euch alle in Schutz zu jeder Zeit!'

    Am Rande: ‚Gewidmet von der Pfarrgemeinde Kallich im Jahre 1922.'

    Die kleinere Glocke, intoniert auf ‚g', hatte einen Durchmesser von 51 cm mit einem Gewicht von 70 kp. Sie war den Gefallenen im 1. Weltkrieg gewidmet. Ihre Inschrift lautete: ‚Ruh' und Frieden kund' (so!) ich allen / die im Kriege sind gefallen. / Jenen auch, die hier begraben, / gilt voll Schmerz mein trauernd Klagen.'

    Und auf der anderen Seite: ‚Den aus der Pfarrgemeinde Kallich im Weltkriege 1914-18 / Gefallenen gewidmet von der dankbaren Heimat.'

---

[58] Freundliche Mitteilung von Marek Bohouš, Tschechische Republik, Übersetzung von Peter Cadek, Hanau.

[59] „Zpráva", Pelhřimov, dne 5. listopadu 1929. und „Zpráva", Vyšehrad, 10. dubna 1930. Beide Dokumente freundlicherweise von Petr R. Manoušek geschickt bekommen.

Auch sie wurden, wie ihre Vorgänger, zur Sicherung des Kupferbedarfs 1943 abgenommen und eingeschmolzen.“[60]

21. Karlsbad-Fischern/Karlovy Vary: Drei Glocken in G-B-c mit dem Gesamtgewicht von 1130 kg. Quelle: Kloster Tepl/Tepla.

22. Komotau-Oberdorf: St.-Barbara-Kirche: „Im Ersten Weltkrieg mußte die Kirche die Glocken auf dem Altar des Vaterlandes opfern. Eine stammte aus dem Jahre 1739, die andere hatte die Jahreszahl 1873 getragen. Um Ostern des Jahres 1924 wurde ein Komitee gebildet, das sich die Aufgabe stellte, ein neues Geläute zu schaffen. / Dieses Komitee, dem ich als Obmann [der „Fischer-Bauer“ aus Oberdorf; *d.Verf.*] vorstand, entfaltete eine rege Sammeltätigkeit und fand reichliche Unterstützung. Die Summe von 40.409 Kr. wurde der Kirche zugewendet. Drei neue Glocken mit eisernem Glockenstuhl wurden angeschafft: ein Melodiegeläute, gestimmt in cis, dis und fis, gegossen von der Glockengießerei Richard Herold in Komotau, 250 kg, 125 kg und 90 kg schwer, im Werte von 19.000 Kr. / Die Inschriften der drei Glocken: Kleine Glocke mit dem Bildnis der hl. Barbara: ‚*Das Alte fiel, wir bauen auf's Neue, zu deutschem Glauben, durch deutsche Treue!*‘. – Mittlere Glocke mit dem Bildnis der hl. Anna: ‚*Der Glaube ist ein Fels im Meer, wenn auch der Wogen zahllos Heer mit Ungestüm an ihm sich bricht, er stehet fest und wanket nicht!*‘ – Große Glocke mit dem Bildnis der hl. Maria: ‚*Gottes Friede laut verkünde durch die Lande ewig wach (* in Folge 16 steht *wahr), (*ebenfalls in Folge 16 steht *doch) zum Sturme ruf' die Bürger, wenn Heimat in Gefahr!*‘. Am Pfingstsonntag 1924 fand die feierliche Weihe statt ... Nachher wurden die Glocken auf den Turm gebracht und montiert. Zur Andacht und zum Hl. Segen erklangen sie zum ersten Mal. “[61]

23. Komotau/Chomutov – evangelische Kirche: „Der Turm barg das von der Glockengießerei Julius Herold in Komotau gelieferte harmonische Geläute im es-Moll-Dreiklang, und eine von der Firma J. Kienzle, Uhrenfabrik in Schwenningen und Komotau, geschenkte Turmuhr mit je einem Zifferblatt auf jeder Turmseite, die die Viertelstunden durch Anschlag an die kleine und mittlere Glocke, also durch zwei Töne (Hes-Ges), die Stunden durch Anschlag an die große Glocke des Geläutes (Es) anzeigte ... Während des ersten Weltkrieges 1914/18 wurden die kleine und mittlere Glocke des Geläutes abgenommen (Metallablieferungen). Dank der Widmung des Herrn Geheimen Kommerzienrats Jakob Kienzle und der Spendenfreudigkeit der evangelischen Gemeindemitglieder, konnten die beiden abgelieferten Glocken im Jahre 1926 durch neue ersetzt werden ... Der im zweiten Weltkrieg 1939/45 auferlegten neuerlichen Metallablieferungspflicht fielen

---

[60] Komotauer Jahrbuch Folge 16 von 2011, Seite 150.

[61] Komotauer Jahrbuch Folge 14 von 2009, Seiten 106 bis 108. Kursives auch im Original kursiv. Ergänzungen und Änderungen nach Folge 16 von 2011, Seite 133.

die große und die mittlere Glocke zum Opfer, die am 3. März 1942 abgenommen wurden.“[62] In der „Heimatkunde“[63] wird für diese Glocken allerdings das Jahr 1925 genannt, was eher richtig sein dürfte. Die große Glocke von 1925 war in Es gestimmt, hatte einen Durchmesser von 130 cm und wog 1145 kg. Dies war die sogenannte Mannesmann-Glocke, weil sie von den Mannesmann-Röhrenwerken gestiftet worden war. Die kleinere Glocke war von Kienzle gespendet, hatte den Ton B, einen Durchmesser von 87 cm und ein Gewicht von 320 kg – alle Angaben nach der „Heimatkunde“.

24. Körbitz: Die Weihe der drei Glocken (s. meine Veröffentlichung von 2003, S. 36) fand am 21.3.1926 statt.[64]

25. Kreibitz/Chřibská: „Es findet sich da noch eine Zeitungsnotiz: ‚Das kleine, oder Schülerglöckl‘ von 1547 wäre irgendwann einmal gesprungen. Die Firma Herold in Kommotau habe sie umgegossen, und am 9.9.1849 sei sie wieder aufgehängt worden.“ Komotauer Zeitung Sep. 1987 Seite 205 DR.K.

26. Kremsier/Kroměříž: Drei Glocken in Cis-H-cis mit dem Gesamtgewicht von 3020 kg. Quelle: Kloster Tepl/Tepla.

27. Laun/Louny: Hier die Glocken Valentin und Franz, beide von 1925 und von Richard Herold. Auf der CD-Begleitschrift genannt.

28. Maffersdorf/Vratislavice nad Nisou: „Die Anschaffung neuer Glocken in der Maffersdorfer Pfarrkirche lenkte den Sinn des Großindustriellen Carl Wagner auf das leerstehende Glockenhaus, und nachdem sich eine Sehnsucht nach dem Avegruße vom Scheffelberge in vielen Herzen bereits geäußert hatte, nahm Herr Carl Wagner in dieser Sache mit einigen Ortsbewohnern Rücksprache, was zur Bildung eines Glockenkomitees führte, das eine Sammlung einleitete, und nachdem ein ziemlicher Betrag beisammen war, wurde am 14. Juli 1925 bei der Firma Richard Herold in Komotau die Glocke bestellt, von wo sie nach langem Warten am 10. Oktober anlangte. Dieselbe ist in der Stimmung ‚gis‘, hat ein Gewicht von 61 Kilogramm, ist auf der einen Seite mit dem Bildnisse ‚Geburt Christi‘ geschmückt, auf der anderen Seite trägt sie den Spruch: ‚Es walte Friede‘. Einschließlich der Fracht stellt sich der Kostenpreis der Glocke auf 2118,98 tschechische Kronen. ... , und so konnte am 25. Oktober 1925 die Weihe der Glocke vorgenommen werden. Die Glocke wurde geweiht vom Hochw. Herrn Pfarrer Peter Bichler in Maffersdorf mit Assistenz des Hochw. Karl Sommer, Katechet in Maffersdorf, und

[62] Komotauer Jahrbuch Folge 15, 2010, S. 94.

[63] Heimatkunde des Bezirkes Komotau, 15. Lieferung 1931, S. 55/6.

[64] Komotauer Zeitung, Feb. 2003, Seite 17. Im Aug. 2009 auch Bilder dieser Glocken mit Tellerkronen.

in Anwesenheit der Glockenpatinnen ...“ Das Glockenkomitee bestand aus 12 Personen.[65]

29. Mariastock/Skoky bei Karlsbad/Karlovy Vary: Zwei Glocken von 1926. Auf der CD-Begleitschrift genannt.

30. Miltschin/Miličin bei Tabor/Tábor: Eine Glocke von 1925. Auf der CD-Begleitschrift genannt.

31. Mittellangenau/Prostřední Lánov: „Die Gemeinde hatte im Laufe der Jahre einen Betrag von 20.000 Kc. aufgebracht, so dass im J. 1929 an die Anschaffung neuer Glocken geschritten werden konnte. Dieselben wurden in der Glockengießerei Richard Herold in Komotau gegossen. Die Weihe erfolgte am 11. August durch den Oberkirchenrat D. Giesecke, Leitmeritz, in Vertretung des Kirchenpräsidenten. Die Glocken sind auf den Akkord f-a-c abgestimmt und führen die Namen Christus-Luther- und Friedensglocke. *Ihr Gewicht beträgt 928, 428 und 254 kg, der Durchmesser 115, 95 und 75 cm. Zum Glöckner wurde Ludwig Graf, Nr. 175, bestimmt.*“[66] Diese Glocke trägt folgende Inschriften: „Uns erneuerte Richard Herold in Komotau i. J. 1929“ und den Vierzeiler „Läute Glocke, läute Frieden,/läute Ruh in jedes Herz,/Endet einst mein Tag hinnieden,/läute du mich himmelwärts!“ Die Glocke befindet sich jetzt in Hradec Králové/Königgrätz in der Kirche der Tschechslowakischen Hussitischen Kirche.[67]

32. Nieder-Trzanowitz: Siehe Roigheim bei Nr. 44 auf Seite 33 f!

33. Oberufer b. Bratislava: Drei Glocken mit dem Gesamtgewicht von 1000 kg. Quelle: Kloster Tepl/Tepla.

34. Olmütz/Olomouc: Die Glocken am Hl. Berg (Sv. Kopeček) wurden von Herold mit elektrischem Antrieb versehen. Außerdem werden in dem zitierten Text im Zusammenhang mit Olmütz (wahrscheinlich meist kleinere) Glocken in folgenden Orten erwähnt: <u>Domeschau</u> bei Sternberg/Domašov u Šternberka, <u>Majetein</u>/Majetin, <u>Bladowitz</u> bei Sternberg/Mladějovice, <u>Dörfel</u> bei Sternberg/Nové Dědince, <u>Kirwein</u>/Skrbeň, <u>Tscheßdorf</u>/Těšetice, <u>Trschitz</u>/ Tršice und <u>Großeinitz</u>/Velký Týnec.[68]

35. Ossek/Osek Dekanalkirche: Eine Glocke im Nominalton G mit dem Gewicht von 600 kg. Quelle: Kloster Tepl/Tepla.

---

[65] Aus: „Maffersdorf Kirche und Pfarrei“ von Inge Schwarz 1995.

[66] Gedenkbuch Nr. 2 – Mittellangenau – Nach dem Weltkrieg um 1929. Fett Gedrucktes auch im Original fett.

[67] Freundliche Mitteilung von Stanislav Děd, Direktor des Regionalmuseums in Chomutov/ Komotau.

[68] Freundliche Mitteilung von Marek Bohouš, Übersetzung von Peter Cadek, Hanau.

36. Pazdišovce (Slowakei): Zwei Glocken in Fis-Ais mit dem Gesamtgewicht von 1120 kg. Quelle: Kloster Tepl/Tepla.

37. Peterswald/Petrovice bei Aussig/Ústí nad Labem: Unter Pfarrer Johann Stiel wurden drei neue Glocken von Herold angeschafft und am 28.5.1933 von Bezirksvikar Edmund Tobischl aus Teplitz-Schönau geweiht. Preis mit Nebenausgaben: 30.000 Kronen. Am 6.5.1942 mussten zwei davon abgeliefert werden.[69]

38. Petrovice/Petrovice oder Peterwitz(?) bei Sušice: Eine Glocke von 1924. Genannt auf der CD-Begleitschrift.

39. Pilnikau-Pilsdorf/Pilníkov bei Trautenau/Trutnov: Ein Fis-Dur-Geläute mit drei Glocken, Jahreszahlen sind auf dem Bild nicht zu erkennen, alle anderen Angaben sind vom Bild abgelesen. Inschrift der <u>großen Glocke</u> (und bei den anderen) in Kleinbuchstaben: „Ehre sei Gott in der Höhe und Friede den Menschen auf Erden, die eines guten Willens sind." <u>Mittlere Glocke</u>: Marienglocke. <u>Kleine Glocke</u>: Für die Gefallenen des ErstenWeltkrieges.[70] „Unmittelbar nach dem Ersten Weltkrieg begann Pfarrer Baier, energisch für ein neues Geläute zu sammeln. Es gelang ihm, Patinnen für neue Glocken zu gewinnen, bei größeren auch mehr als eine Patin. So konnten bereits am 14.5. und am 10.12.1922 fünf neue Glocken geweiht werden. Sie waren auf Fis-Dur gestimmt, stammten aus der Glockengießerei Herold in Komotau, besaßen ein Gesamtgewicht von 3.045 kg und kosteten Kč 112.000,--. Auch dieses Geläute mußte wieder einem Krieg geopfert werden."[71]

40. Přazovice b. Prossnitz (diesen Ort konnte ich im Ortslexikon Sudetenland von 1987 nicht finden!): Drei Glocken in G-B-c mit dem Gesamtgewicht von 1250 kg. Quelle: Kloster Tepl/Tepla.

41. Preßnitz/Přísečnice: Diese Glocke, von der mir auch nur ein Bild vorliegt, steht im Eingangsbereich der Kirche von Schmiedeberg/Kovárská. Die von der Glocke abgelesene Inschrift in Kleinbuchstaben: „Gott zur Ehre haben wir Dich gemacht, /in dieser traurigen, schweren Zeit, / Mög' Dein Klang die Menschen mahnen / Daß sie treu bleiben der Tugend der Ahnen. / Gespendet im Jahre 1920 von / Familie Anton Elster." Am Schlagring: „Gegossen von Richard Herold, Komotau." Die Glocke hat eine Tellerkrone und ist an der Schulter reich verziert.[72]

42. Přichowitz/Příchowice östl. von Gablonz/Jablonec nad Nisou (Abb. 24): <u>Erste Glocke</u>: „Veit" mit der Inschrift DEM GEDENKEN / DER IM

---

[69] Nach www.peterswald-org.

[70] Das erwähnte Bild stammt von Herrn Franz Pommer, Essen.

[71] Johannes Gottwald: Pilnikau-Lexikon, Band I, 2006, S. 112.

[72] Bild von Herrn Hans Müller, München, freundlicherweise zur Verfügung gestellt.

ERSTEN WELTKRIEGE GEFALLENEN HEIMATSÖHNE / DIE DANKBARE PFARRGEMEINDE PŘICHOWITZ. Zweite Glocke: „Margarete“ mit der Inschrift ZUR EHRE GOTTES / UND ZUM SEGEN / DEN EINWOHNERN VON PŘICHOWITZ. Dritte Glocke: „Josef“ mit der Inschrift DIE TREUE ZU GLAUBE UND HEIMAT / HALTEN DIESES GELÄUTE SCHALL / DIE HEIMATKINDER IN DER / FREMDE. / 16. PFARRER ANTON KOLLMANN. Vierte Glocke: „Michael“ mit der Inschrift WAS GEWALT UNS NAHM / WIR SCHUFEN ES UNS WIEDER. / LÄUTE ALLEZEIT FRIEDEN / DIESER DEUTSCHEN HEIMAT / PFARRGEMEINDE PŘICHOWITZ. Die Glockenweihe fand am 17.10.1926 statt.[73]

Abb. 24: Die vier Glocken von Přichowitz 1926, hinten von links: „Josef“, „Veit“, „Margarete“ und vorne „Michael“.

43.Reichenberg/Liberec: In einem Gutachten vom 20.12.1922 beurteilt der Musikwissenschaftler Dr. phil. Hugo Löbmann aus Leipzig-Plagwitz die Glocken f‘, as‘, c‘‘, e‘‘ (als Haupt- und Eigenton wird es‘‘ angegeben) und f‘‘, übrigens im Unterschied zu meinen Notizen im Buch von 2003, wo die Tonfolge F-As-c-d-a-f angegeben ist. Wie es zu diesem Unterschied kommt, kann ich mir nur so erklären, dass bei der Tonfolge mit den sechs Glocken früher gegossene Glocken oder noch vorhandene Glocken einbezogen waren. In diesem Gutachten sind aber folgende Feststellungen wichtig und interessant: „Die Musik dieses Geläutes gerade in dieser Höhe wirkt überirdisch schön. ... Vor allem spielen die Unteroktaven eine große Rolle. Sie treten mit überwältigender Wucht zu Tage und verleihen dem Geläute

[73] Original-Ansichtskarte.

Grundgewalt, Fülle und Tragkraft. Sie sind prächtig getroffen, obgleich sie zu den schwerst zu gießenden Intervallen gehören und demzufolge nur von erstklassigen Firmen gewährleistet werden. ... So hat die ruhige, vorwärtsstrebende Firma Rich. Herold ein Geläute geliefert, das den Wettbewerb mit den ersten Firmen aufnimmt und erfolgreich durchführt. Die Gemeinde erhält ein Geläut, das nicht zu den alltäglichen gehört und eine Zierde des Gotteshauses darstellt, wie sie schöner nicht sein kann. Die deutsche Stadt Reichenberg birgt in ihren Mauern ein Meisterwerk deutschen Gewerbefleißes einheimischer Herkunft.“ Quelle: Kloster Tepl/Tepla.

44. Roigheim bei Heilbronn: Eine Leihglocke von 1932. Diese Glocke mit dem Gewicht von 135 kg, dem Durchmesser von 61 cm und einer Tellerkrone hängt seit 1953 im Dachreitertürmchen der katholischen Kirche von Roigheim als Leihglocke vom ehemaligen Glockenfriedhof in Hamburg, weil sie an ihren ursprünglichen Ort in Oberschlesien nicht zurückgebracht werden konnte und in Westdeutschland Glocken gebraucht wurden. Ihre Inschrift lautet JESUS NAZARENUS REX JUDEORUM. DIE 29. JULI ANNO 1636 HAEC CAMPANA EST RENOVATA PER GENEROSUM DOMINUM HIERONIMUS GIERALTOWSKI DE GIERALTOWICE HAERES IN MOSTI ET GNOINIK. RENOVATA 1932. FUDIT RICHARDUS HEROLD GOMOTOVIENSIS. Die Übersetzung lautet: *Jesus von Nazareth, der König der Juden, am Tag des 29. Juli im Jahre 1636 wurde diese Glocke neu gegossen durch den großzügigen Herrn Hieronimus Gieraltowski von Gieraltowitz, Erben in Mosti und Gnoinik. Erneuert* (also umgegossen) *1932. Gegossen von Richard Herold Komotau.* Sie hatte bei der Glockenabnahme im Zweiten Weltkrieg die Kennziffer 25-23-395.[74] Mosti heißt heute Mosty und liegt südöstlich von Hnojnik dicht an der Grenze zur Slowakei und Polen, Gnoinik heißt heute Hnojnik und liegt östlich von Frýdek-Mistek dicht an der polnischen Grenze, Nieder-Trzanowitz heißt heute Dol. Třanovice und liegt direkt nördlich von Hnojnik ebenfalls dicht an der polnischen Grenze. Alle Orte in der Nähe von Ostrava.[75]

[74] Alle Informationen von Herrn Norbert Jung, Heilbronn.

[75] Die Erklärungen zur Lage der Orte von Frau Silke Findeisen vom Haus Schlesien vom 30.1.2008.

Abb. 25: Die Leihglocke von Roigheim mit auffallend schlechter Schrift. Foto: N. Jung

45.Saaz/Žatec: Ich werde hier aus der „Begutachtung der Befähigung des Glokkengießers Richard Herold, Komotau“ zitieren, die „P. Griesbacher Kan.“ am 6. Mai 1928 in Regensburg geschrieben hat – wahrscheinlich in Deutsch, wurde dann ins Tschechische übersetzt und jetzt wieder zurück ins Deutsche von Peter Cadek in Hanau. Peter Griesbacher lebte von 1864 bis 1933; er war am 1. Mai 1928 in Komotau. Er schreibt: „Der Eindruck ist vollkommen befriedigend. Der Große Ofen, ausgestattet mit vorzüglicher Sauberkeit/ Raffinement mit hervorragenden technischen Einrichtungen reich an ornamentalen Verzierungen und Zierschriften und Arbeitsstoffen, welche eine erfolgreichste Verarbeitung ermöglichen. Die Glocken zeichnen sich aus durch ein elegantes Profil, und ihre Oberfläche ist einwandfrei mit edler Verzierung, mit klaren und deutlich abgestimmten verankerten (?) Reliefen und scharfen Inschriften. Mit Zustimmung und auf Wunsch der Gemeinden sind die Verzierungen und die Glocken-Aufschriften, welche ich gesehen habe, ein wenig reichhaltiger, sonst aber berücksichtigt und begrenzt sich die Firma grundsätzlich auf die ornamentale Ausführung. Die Reinigung erfolgt mit einem Sand(strahl)-Gebläse. – Damit ich mir auch ein Bild über die Fähigkeiten der musikalischen Seite der Firma machen kann, wurde mir die Gelegenheit gewährt, das fünfstimmige Glockengeläute in (für?) Žatec/Saaz zu testieren.“ Das ausführliche Testergebnis, in dem er an einer Stelle die „Herold'sche Rippe“ erwähnt, lasse ich hier weg und gebe nur die wichtigsten Daten der fünf Glocken an: 1) 4529 kg, as, 2) 1888 kg, c‘, 3) 1455 kg, es‘, 4) 931 kg, f‘ und 5) 510 kg, as‘. „Das Testergebnis zusammengefasst: Man kann hier also von einem absolut reinen Geläute sprechen, in dem alle Kombinationen in Reinheit wiedergegeben werden, was das Herz erfreut und ergreift. Es ist nicht erforderlich, sich mit Einzelheiten zu befassen. Herold hat durchaus ein erstklassiges Geläute geschaffen, mit welchem die Bürger von Saaz nicht umsonst begeistert sind. Diese Fähigkeiten überzeugen mich, dass die Firma Herold – Komotau ganz oben steht und vorbehaltlos empfohlen werden kann. Die Sicherheit des Erreichens der reinen Grundtöne, das musikalische Fundament ihrer Glocken und deren Gesamtsystem garantiert den Gesamterfolg, sei die Aufgabe noch so herausfordernd.“[76] [Alle Zusätze in runden Klammern von mir.]

46. Salesel: Weihe der Kapelle und der zweiten Glocke mit dem Durchmesser von 46 cm und dem Gewicht von 56 kg am 10.7.1927.[77]

47. Schladnig a. d. Biela/České Zlatniky: Durch Spenden der Bevölkerung und eine Stiftung des Fürsten Lobkowitz aus Bilin konnten die Glocken bei Herold in Komotau bestellt werden, die am St. Georgs-Sonntag (23.4.) im April 1922 geweiht wurden. Vorher gab es allerdings noch eine (für die damalige deutsche Bevölkerung unangenehme) Überraschung. Der tschechische Pfarrer hatte nämlich auf eigene Faust „zusätzlich am unteren inneren Rand“ den tschechischen Namen der Gemeinde eingießen lassen. „Weil der Pfarrer keine Notiz davon nahm“, ließ der Ortsvorsteher diese Inschrift von einem Schlossermeister entfernen, wahrscheinlich wurde sie abgefeilt. Von den Glocken selbst erfährt man leider nur die Namen, nämlich dass die eine die „Große“ und die andere die „Messglocke“ hieß.[78]

48. Schönau/Šanov (Teil von Teplitz/Teplice): Drei neue Glocken in den Nominaltönen D-F-a im Gesamtgewicht von 3070 kg (Quelle: Kloster Tepl/Tepla) für die St. Elisabeth-Pfarrkirche: „Der erste Weltkrieg brachte den Verlust aller drei Glocken, die zu Kriegszwecken beschlagnahmt wurden. Neue Glocken, benannt St. Elisabeth, St. Antonius und Heldenglocke, wurden in Komotau von der Firma R. Herold gegossen und am 27. Mai 1923 vom Leitmeritzer Bischof Dr. Josef Gross geweiht. Zur

[76] Dreiseitige Kopie in Tschechisch vom 6/V.28. aus Regensburg, freundlicherweise zugesandt von Petr R. Manoušek, Übersetzung von Peter Cadek.
[77] Komotauer Zeitung, Juli 2009 und meine Veröffentlichung von 2003, Seite 45, Nr. 776.
[78] Brüxer Heimatzeitung, April 1973, Seite 15

Neuanschaffung der Glocken wurde schon 1921 ein Glockenkomitee unter der Leitung des Kaufmanns Anton Hantsche gegründet, das in zwei Jahren die Mittel zur Herstellung beschaffte."[79]

49. Schönwald/? bei Friedland/Frýdlant: Drei Glocken nach 1920 mit den Gewichten 500, 250 und 145 kg. Von diesen Glocken gibt es nur eine Ansichtskarte, auf der die Glocken mit gekröpften Jochen abgebildet sind.[80]

50. Sillein/Zilina in der Slowakei (Nordwesten): Sechs Glocken. Erste Glocke: h, 1690 mm, 2785 kg; zweite Glocke: d', ohne weitere Angaben; dritte Glocke: e', 1240 mm, 1185 kg; vierte Glocke: fis', 1090 mm, 798 kg; fünfte Glocke: a, 820 mm, 452 kg; sechste Glocke: h, 810 mm, 325 kg, gespendet von Dr. Tvrdy. In dem Gutachten von Kanonikus Msg. Wenzel Müller vom 31.7. 1923 werden die Nominaltöne am Anfang mit großen Buchstaben angegeben, später dann nur noch mit kleinen. Er nennt hochliegende Bewegungsachsen und dass die Glocken mit „2 Bändern stylisierter Blätter" verziert seien. In seiner Beurteilung spricht er vom „weichen und lieblichen Klang", und die Glocken hätten „einen ausgleichenden Klang ..., sodass bei der Mächtigkeit der grossen Glocken keine Glocke weder zu sehr hervorklang noch jedoch sich verliert". Er rühmt sie am Ende seines Berichtes als „hervorragende Werke unserer Glockenkunst". Quelle: Kloster Tepl/Tepla

51. Sporitz/Spořice in der Nähe von Komotau/Chomutov: Ein B-Dur-Geläute an gekröpften Jochen aus drei Glocken für die Pfarrkirche. Die Anschaffungskosten in Höhe von 29.500 Kronen wurden innerhalb weniger Monate von einem Glockenkomitee, das aus 12 Personen bestand, aufgebracht. Die Weihe fand am 3.9.1922 statt. Am 12.3.1942 mussten die Glocken zum Einschmelzen abgegeben werden. Seltsam ist der folgende Satz, der direkt nach den obigen Angaben folgt: „Die mittlere Glocke wurde von derselben Firma für 6000 Kronen gekauft."[81]

52. Stienowitz/Štenovice bei Pilsen/Plzeň: Nachdem die vorherigen Glocken (eine von 1510, die andere vom Gießer Seitz) im Dezember 1916 abgeliefert worden waren, bekam die Gemeinde 1937 zwei neue Glocken von der Firma Herold. Die größere Glocke wurde von der Familie Vykoukal gespendet, wog 107 kg und trug zum Schmuck die Bildnisse der Heiligen Wenzel und Josef. Sie trug übersetzt folgende Inschrift: „Hl. Josef und Hl. Wenzel, betet für uns / Gewidmet dem Andenken an Josef Vykoukal, V. Pretla und B. Mrazíkové. 1937." Die kleinere Sterbeglocke wurde von den Einwohnern gespendet und wog nur 20 kg. Sie war nur mäßig geschmückt und trug als Bild Christus am Kreuz und die Jahreszahl 1937 darunter. Beide Glocken zusammen kosteten 3640 Kč. Die Glockenweihe fand am 27. März 1938

---

[79] Aus: www.teplice-city.cz.

[80] Aus: www.tece-agrar.com.

[81] 5. Sporitzer Heimatbrief von Sep. 1949 und freundl. Mitteilung von Herrn Josef König.

statt, die Patinnen der Glocken waren die Frauen Berta und Anna Vykoukalová. Der weihende Priester war P. Hynek Zahradník.[82]

53. Tepl/Tepla: Eine Glocke von 1932 in der Stadtkirche Hl. Ägidius. Quelle: Kloster Tepl/Tepla.

54. Tepl/Tepla, Kloster: Hier werde ich von einem Briefwechsel zwischen der Firma Herold und dem Bauamt des Klosters berichten, bei dem es um die Bewerbung um den Guss neuer Glocken geht. Die Firma Herold ging bei diesem Wettbewerb leer aus, trotzdem kann man dem Schriftwechsel interessante Einzelheiten entnehmen. Der mir vorliegende Briefwechsel beginnt am 5.12.1929, nachdem das Stift am 27.11. bei Herold um ein Angebot gebeten hatte. Im Kloster war eine Septimglocke G^{-2} vorhanden. Nach den jetzt (1929) bestehenden Glockenstuhlverhältnissen könne nur wieder (wie früher vor der Glockenablieferung 1917?) ein Geläute B-Es-G-B (also zweimal B?) untergebracht werden. Zwischen das große Intervall B-Es will Herold nach dem Vorbilde von Haindorf eine Des-Glocke einschieben. Um das zu erreichen („ein mehr geschlossenes und tonvolleres Geläute"), müsse der Glockenstuhl, in dem bisher drei Glocken hingen, abgetragen und durch einen eisernen ersetzt werden. Er schlägt zur Beurteilung seines Vorschlages folgende Glockenexperten vor: P. Griesbacher aus Regensburg (!) und W. Müller aus Prag. Die folgenden Ausführungen über die Bewegungsachse einer Glocke (gekröpftes Joch oder nicht?) sollen wörtlich wiedergegeben werden: „... Glockenexperten und auch wir Glockengiesser als Sachverständige verwerfen das Armierungssystem mit tiefliegender Bewegungsachse (gekröpftes Joch; d. Verf.), wenn es auch ein etwas leichteres Läuten der Glokken bedingt, vollständig, weil der Ton der Glocke durch dieses Armierungs- resp. Läutesystem ungemein leidet und nie so voll und rein zur Geltung kommen kann, als bei einem Läutesystem mit hochliegender Bewegungsachse (gerades Joch; d. Verf.)." Zu dieser Ansicht, die auch heute noch vertreten wird, steht aber im Widerspruch, dass auf vielen Bildern von Herold-Geläuten gekröpfte Joche zu sehen sind. In einem weiteren Brief an Tepl bietet Herold eine elektrische Läuteanlage an und würde für das Stift sogar einen Preisnachlass gewähren. Außerdem bemerkt er zu seinem etwas teureren Läutesystem Schieferstein (siehe Kapitel 8), dass ihm neulich ein Auftrag in Prag entgangen sei, weil die Prager nur von tschechischen Firmen beliefert werden wollten: „Der Auftrag wurde der Firma Perner in Budweis überschrieben und zwar deswegen, weil sich die genannte Firma als tschechische Firma deklarierte. Es ist dies um so bezeichnender, weil die gleiche Firma, wo es sich um Lieferungen bei deutschen Gemeinden ... handelt, sich wiederum als deutsche Firma bezeichnet." Als er erfährt, dass ein eiserner Glockenstuhl nicht in Frage kommt, schlägt er vor, den

[82] Nach: Štěnovické listy Nr. 12/2009, herausgegeben durch das Bezirksamt Štěnovice; Übersetzer Peter Cadek Hanau

Sachverständigen aus Regensburg auf eigene Kosten zur Beratung anreisen zu lassen. Um das Bauamt des Stiftes günstig zu stimmen, erwähnt er seine Zugehörigkeit zur christlich-sozialen Partei. Alle Bemühungen haben aber nichts genutzt. Am 25.2.1930 teilt Tepl mit, dass der Auftrag anderweitig vergeben wurde. Quelle: Kloster Tepl/Tepla.

55. Trauschkowitz/Droužkowice bei Komotau/Chomutov: Eine Glocke mit einer glatten, unverzierten Henkelkrone und der Aufschrift in Kleinbuchstaben: „Gestiftet von / Anna Maria Kapp / Trauschkowitz; NRO: 48 / im Jahre 1887. / Gegossen von / Julius Herold Söhne / in Komotau." (Siehe Abb.26) Die Bedeutung von NRO konnte nicht geklärt werden, es könnte sich um die Nummer des Hauses handeln.[83]

Abb. 26: Die Glocke von Trauschkowitz vor und nach der Reinigung, Fotos: J. Pekar

56. Uhrissen/Orasín: Unter der Überschrift „Glockenweihe 1933 4. Juni" lesen wir: „Der Bund der deutschen Landjugend Ortsgruppe Uhrissen und Umgebung kaufte am 16.3.1933 von seinen ersparten Mitteln 2 Glocken für unseren Ort von der Glockengießerei Richard Herold in Komotau zum Preise von 950 Tschechenkronen und veranstaltete am Pfingstsonntag, den 4. Juni

[83] Mehrere Bilder zugeschickt bekommen 2007 von Herrn Karel Krafta, Chomutov.

1933 die Feier der Glockenweihe und übergab selbe der Obhut der Gemeinde. Unser Geistlicher Dr. Fr. Gerbel, Pfarrer in Göttersdorf weihte diese. / Jugendführer Greger aus Ruschowan hielt eine Ansprache. Viele auswärtige Vereine und Gäste hatten sich eingefunden." Die Übergabeurkunde des Bundes der deutschen Landjugend Ortsgruppe Uhrissen haben 30 Mitglieder und 8 Ehrenmitglieder unterschrieben.[84]

57. Vajnory ž Bratislava: Zwei Glocken in f und A mit dem Gesamtgewicht von 1330 kg. Quelle: Kloster Tepl/Tepla.

58. Waltersdorf/Vrchy bei Fulnek: Eine Glocke von 1922.[85]

59. Webrowa/Věvrov: „Nachdem die erste Glocke dem Weltkrieg 1914-1918 zum Opfer gefallen war, wurde von der Firma Herold in Komotau eine neue gegossen mit folgender Inschrift: ‚Zu Ehren der allerheiligsten Dreifaltigkeit hat mich gießen lassen Johann Georg Mahal, Bauer in Webrowa Nr. 4 im Jahre 1923.'"[86]

60. Wigstadtl/Vítkov: Herold hat 1914 eine Glocke für diesen Ort gegossen. Leider sind keine weiteren Angaben bekannt.[87]

61. Zarch/Čárka: Eine Glocke von 1854 mit folgender Inschrift: „AUF KOSTEN / DER GEMEINDE ‚ZARCH, / WURDE ICH UMGEGOSSEN / VON / ...??? HEROLD IN KOMMOTAU / 1854." Wahrscheinlich war der Gießername Karl Julius H.

[84] Quelle leider unbekannt, zwei Blätter.
[85] Information enthalten in einer E-Mail vom Jan. 2004 an das Museum Chomutov.
[86] Aus: www.bischofteinitz.de/orte/webrowa.
[87] Quelle: Mitteilungen des Erzherzog Rainer-Museums in Brünn, Nr.12 von 1916, Seite 149. Im Rahmen des Artikels von Robert Schünke, Neutitschein, „Olmützer Glockengießer" (Schluss).

Abb. 27: Glocke von Zarch, Bild von Petr R. Manoušek

6.2 Glocken in Nordmähren

In der folgenden Tabelle sind Orte aus Nord-Mähren angegeben, in denen Glocken von Richard Herold waren oder noch sind. Darin bedeutet **a** abgegangen und **v** vorhanden.[88]

Jahr	**Bezirk Šumperk/Mähr. Schönb.**	**Anzahl**	**abgeg. od. vorh.**
1922	Dolni Lipová	1	v
1923	Černá Voda/Schwarzwasser	1	v

[88] Nach einer Liste von Herrn Leoš Mlčák vom Mai 2002, die ich im ersten Buch vergessen hatte.

1923	Ondřejovice	1	a
1923	Horni Údoli	2	a
1923	Horni Údoli	1	v
1925	Branná/Goldstein	3	a
1925	Vikantice	2	a
1926	Oskava/Oskau	1	v
1926	Mohelnice/Müglitz	1	v
1926	Mohelnice/Müglitz	1	a
1927	Sobotin/Zöptau	1	v
1930	Mirov/Mürau	2	a
Jahr	**Bezirk Olomouc/Olmütz**	**Anzahl**	**abgeg. od. vorh.**
1924	Domásov u Šternberka/Domeschau bei Sternberg	1	v
1924	Drahanovice/Drahanowitz bei Olmütz	3	a
1923	Majetim/Majetein	1	a
1927	Mladějovice/Bladowitz	1	v
1931	Nová Dědinka	1	v
1924	Skrbeň	2	a
1925	Tršice/Trschitz	1	a
Jahr	**Bezirk Ostrava/Mährisch Ostrau**		
1924	Polanka	3	a

6.3 Glocken für Prag/Praha

Die folgenden Angaben sind dem Buch PRAŽSKÉ ZVONY von Ludmilla Kybalová, Radek Lunga und Petr Vácha, 2005, entnommen:

Kirche oder Kloster	**Name d. Gl.**	**Ø in cm**	**Höhe in cm**	**Gew. in kg**	**4.2.1 Ton**	**Seite**	**Jhr.**	**Sons-tiges**
Emmaus-Kloster	1. ? 2. ? 3. Josef? 4. ?					98 98 98 +188 98	28 28 28 28	Weihe am 4.11.28
Kostel Sv. Antonína Paduánského Praha 7-Holešo-vice	Srdce Páně Josef Antonín	118 87 149	95 68 115	906 366 1871	eis' ais' cis'	121 121 122	23 23 26	17.6.23 17.6.23 13.6.26
Kostel Sv. Cyrila a Metoděje Praha 8-Karlín	Cyril Václav Marie Ukřižovaný	127 99 85 73		1405 621 357 248	e gis' h' cis''	131 132 132 132	25 25 25 25	5.7. a dito a dito a dito a
Kostel Sv. Jindři-	Kristus	148	120	2077	d'	171	27	a

cha a sv.	Král							
Kunhuty, Praha 1	Václav	113	90	944	fis‘	171	27	a
Nové Město	Jindřich	88	65	375	h‘	172	27	a
Kostel Sv. Lud-		169	140	2960	c‘	181	25	10.4.42
mily Praha 2-		129	110	1300	e‘	182	25	dito
Vinohrady		107	90	800	g‘	182	25	dito
		95	80	530	a‘‘	182	25	dito
	Umíraček	57	45		e‘‘	182	25	dito
Kostel Panny	František	65	60	166	dis‘‘	186	26	a
Marie Bolestné na	Tekla	46	45	65	gis‘‘	186	26	a
Slupi (u Alžběti-								
nek), Praha 1 –								
Nové město								
Kostel Panny Ma-	Immaculata	169	130	2650	h°	189	28	4.11.a
rie, Sv. Jeronýma,	Josef	144	108	1585	d‘	189	28	4.11.a
Sv. Cyrila a Meto	Benedikt	124	100	1122	e‘	189	28	4.11.a
děje, Sv. Vojtěcha	Václav	109	86	792	fis‘	189	28	4.11.a
a Sv. Prokopa v								
Emauzích, Praha								
2 Nové Město								
Kostel Panny Ma-		62,8	46			198	31	
rie Sněžné, Praha								
1 Nové Město								
Kostel Nane-		154		2365	des‘	204	27	3.6. a
bevzetí Panny		121		1134	f‘	204	27	3.6. a
Marie na		101		721	as‘	204	27	3.6. a
Strahově		75		283	des‘‘	204	27	3.6. a
Praha 1 Hraděany		56		96	f‘‘	204	27	3.6. a
		46		62	as‘‘	204	27	3.6. a
		42		42	b‘‘	204	27	3.6. a
Kostel Sv. Mar-	Panna	79	60	400	h‘	219	27	a
kéty, Praha 6	Maria	62	52	320	d‘‘	219	27	a
Břevnov	Markéta	58	46	280	e‘‘	219	27	a
Kosten 24.000 kč	Dominik	48	43	85	fis‘‘	219	27	a
	Vojtěch							
Kostel Sv. Matěje	Matěj	100	80	600	g‘	222	27	a
Praha 6 Dejvice	Václav	59,1	48,5	125	f‘‘	222	27	
Kostel Sv. Miku-		110	90	750		231	31	a
láše Praha 1 Malá								
Strana								
Kostel Sv. Proko-	Prokop	110	88	780	fis‘	263	28	
pa, Praha 3	Václav	82	67	306	h‘	263	28	a
Žižkov	Umíráček	51,1	40,5	86	fis‘‘	263	28	
Kaple Sv. Rocha,		54	50	87	fis‘‘	266	24	a

Praha 3 Žižkov	Umíraček	46	45	62	gis''	266	24	a
Kostel Sv. Štěpána Praha 2 Nové Měst	Panna Maria Umíráček	101 61	81 58	720 160	as' es''	282 282	23 28	a a
Kostel Sv. Tomáše, Praha 1 Malá Strana (Kleinseite)		97 87	97 87	507 380	as' b'	285 285	26 26	a a
Kostel Sv. Voršily, Praha 1 Nové Město						327	31	a

Erklärungen: 1) Wenn in der letzten Spalte nur ein Tag und ein Monat angegeben sind, so ist das gleiche Jahr gemeint wie in der vorletzten Spalte. 2) **a** bedeutet, dass die Glocke im Zweiten Weltkrieg abgeliefert werden musste und nicht zurückkam. Das Datum 10.4.1942 ist das Ablieferungsdatum. 3) In der vorletzten Spalte (Jahr) handelt es sich um Jahreszahlen aus dem 20. Jahrhundert. 4) Kostel: Kloster, Sv.: Svatý, Heilig(er). Umíráček: Totenglocke, a: und. 5) Im Buch sind folgende Abbildungen von Herold-Glocken enthalten: Abb. 47 (Seite 95), Abb. 75 (Seite 171), Abb. 77 (Seite 181) und Abb. 79 (Seite 188).

Demnach wurden zwischen 1923 und 1931 von der Firma Herold 50 Glocken nach Prag geliefert.

Abb. 28: Die Glocke „Josef" von 1928 für das Emmaus-Kloster in Prag. Bild: aus dem Buch „Pražské Zvony" von 2005, Seite 188

6.4 Glocken von Richard Herold im Tschechischen Radio (Prag)

Hier die Liste der Glocken, die im tschechischen Rundfunk (Vltava Český Rozhlas 3) sonntags um 12 Uhr zu hören waren. Die entsprechende CD wurde mir mit dem zugehörigen Text im Mai 2003 dankenswerterweise zugeschickt.[89]
Die hier zitierte Liste ist eine eigene Übersetzung aus dem Englischen, außerdem habe ich die ehemaligen deutschen Namen der Orte hinzugefügt:

1) Die Glocke der Matthias-Kirche in Prag/Praha: R. Herold 1927
2) Drei Glocken der Matthias-Kirche in Prag zusammen: R. H. 1927 + Petr R. Manoušek 1989
3) Die Glocken der Kirche in Miličin/Miltschin bei Tabor: Anonym 1750, L. Dytrichová 1978, R. H. 1925, Dytrichová 1978
4) Das Carillon der Marienkirche in Stará Boleslav/Altbunzlau (in der Nähe von Eger, d. Verf.): (10 Glocken von R. Herold von 1931)
5) 9x Glocken der Kirche in Hoštka/entweder Hesselsdorf bei Tachau oder Gastdorf bei Wegstädtl: (8x R. Manoušek 1977-1981 + 1x F. Herold 1881)
6) Die Glocke der Kirche in Petrovice (bei Sušice)/Petrowitz (bei Beneschau oder Schütthofen) – R. Herold 1924[90]
7) Die Glocke der Kirche des Hl. Ägidius („St'Gilles church") in Tepl/Tepla: R.H. 1932
8) Die kleine Glocke der Kirche in Skoky (bei Bochov bei Karlsbad)/Maria Stock (bei Buchau bei Karlsbad) – R. Herold 1926[91]
9) Die große Glocke der Kirche in Skoky/Maria Stock: R. Herold 1926
10) Die beiden Glocken der Kirche von Skoky/Maria Stock zusammen: R. Herold 1926
11) Die Glocke Valentin der Kirche in Louny/Laun: R. Herold 1925
12) Die Glocke Franz der Kirche in Louny/Laun: R. H. 1925
13) Die Glocken Valentin und Franz von Louny/Laun zusammen – R. Herold 1925
14) Alle Glocken der Kirche in Louny/Laun zusammen (2x R. Herold 1925 + 2x P. R. Manoušek 1995+1996)

Insgesamt ergibt sich daraus eine Gesamtzahl von mindestens 19 Herold-Glocken, die gegenwärtig noch in Tschechien zu hören sind.

[89] Von Herrn Radek Rejšek in 16000 Prag 6.

[90] Die richtige Zuordnung dieser Orte ist sehr schwer, da es im „Ortslexikon Sudetenland" 39 mal Petrovice und 5 mal Sušice gibt. Wenn man beide Listen miteinander kombiniert, kommt man auf obiges Ergebnis.

[91] Etwa 20 km südöstlich von Karlsbad in der Nähe des Stausees von Slutice.

7. Einige „neue“ Werbeanzeigen[92]

Abb. 30: Tschechische Anzeige Nr. 1

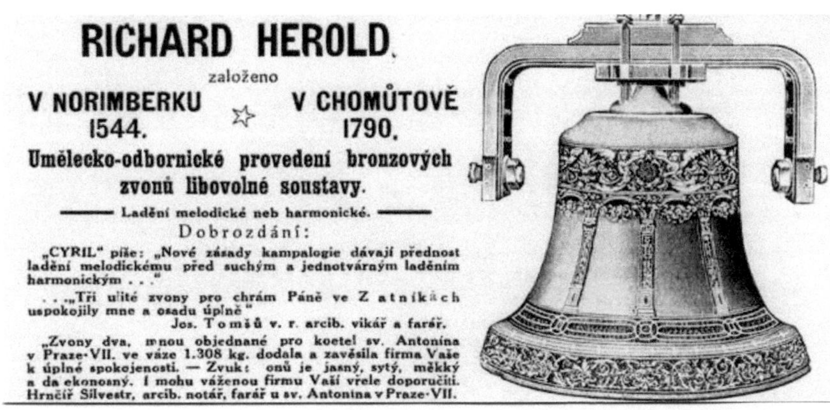

Abb.31: Tschechische Anzeige Nr. 2

[92] Quelle der Anzeigen unbekannt. Sie wurden mir freundlicherweise zugesandt von Herrn Radek Lunga, dem Glockensachverständigen der Diözese České Budějovice, aus Prag.

Abb. 32: Tschechische Anzeige Nr. 3

Abb. 33: Anzeige aus „Festschrift Leitmeritz 700 Jahre Stadt“, Leitmeritz 1927, nach S. 192 im Anzeigen-Anhang

Abb. 34: Anzeige aus „Deutsche Presse“ in Prag vom 22.10.1925, S. 8

Die Anzeigen von Nr. 33 bis 35 sind aus den betreffenden Zeitschriften mit einer Digitalkamera aufgenommen, ausgeschnitten und dann gescannt worden, deshalb sind sie teilweise etwas verzerrt.

Abb. 35: Anzeige aus „Verbandsblatt der deutschen katholischen Geistlichkeit“ 1930, Heft 9, unter der Überschrift „Reichsverbandslieferanten“, die gleiche Anzeige erschien auch in den Heften 8 und 10 bis 12.

8. Läutemaschinen

Die Anzeige (Abb. 35) leitet sehr gut über zu diesem Kapitel, da auf ihr auch eine elektrische Läuteanlage gezeigt wird. Eine andere Anzeige der Firma Herold war die mit der Glocke mit dem gekröpften Joch wie in Abb. 32, nur mit deutschem Text. Sie erschien z. B. in dem „Verbandsblatt des deutschen katholischen Klerus" 1924 in 10 Heften, 1925 in jedem Monat, 1926 in den Heften 1, 4 und 5, danach ab Heft 6 bis 12 mit dem Zusatz „Elektrische Läutewerke". Daraus kann man den wahrscheinlichen Zeitpunkt des Vertriebes der elektrischen Läuteanlagen bei Herold ablesen, nämlich das Jahr 1926.

Abb. 36: Werbeblatt für das elektrische Glockenläute-System „Schieferstein", das früher wahrscheinlich interessierten Pfarrämtern zugeschickt worden war zusammen mit einem Merkblatt über das Glockenläuten (zwei DIN-A4-Seiten) und einer Seite, welche die Funktionsweise dieses Systems in einer Zeichnung darstellt (siehe Abb. 37).

Außer diesem Werbeblatt zum System Schieferstein gab es speziell von Herold ein DIN-A4-Blatt mit dem Titel „Ein neuer elektrischer Glockenantrieb", in dem einige Betriebe genannt werden, die ebenfalls Läutemaschinen herstellen:

- H. V. Reppert in Kolin n. R. Elektrizitätswerk Bockelmann & Kuhlo,

- Schilling & Sohn in Apolda,
- Petit und Br. Edelbrock in Westfalen,
- Ing. Alb. Guenneé in Paris,
- Electro–Cloches A. G. Straßburg-Robertsau,
- Fa. Bezucha in Žižkov.

Ueber die Arbeitsweise der Maschine sei daher nur kurz folgendes gesagt: Denkt man sich eine Glocke „a" in gewohnter Weise aufgehängt, denkt man weiter unterhalb der Glocke einen Motor „M" befestigt, der unter Anwendung von Uebersetzungsrädern eine Kurbel „g" so langsam in Umlauf setzt, dass sie mit der Schwingungszahl der Glocke übereinstimmt und nun ferner zwischen die Kurbel „g" und den Läutehebel „l" eine Flüssigkeitskopplung „k" eingeschaltet, so sind, unter der Voraussetzung, dass die einzelnen Elemente richtig eingestellt wurden, die Bedingungen für ein musikalisch richtiges Läuten erfüllt. — Nur Maschinen mit loser Kopplung im Sinne der Schwingungstechnik läuten Glocken musikalisch einwandfrei.

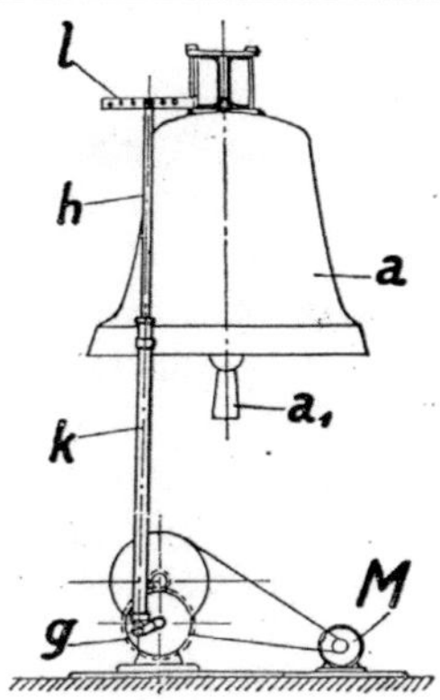

Schematische Darstellung des Schieferstein-Antriebes

Es ist eine bekannte Tatsache, dass diejenigen erfinderischen Schöpfungen am höchsten stehen, welche in ihrer Wirkung und konstruktiven Einfachheit der Natur am nächsten kommen. Diesen Anspruch kann, soweit Läutemaschinen in Frage kommen, nur eine nach den Grundsätzen der modernen Schwingungstechnik gebaute Läutemaschine für sich erheben. Sie muss ein Erzeugnis sein, bei welchem die Erfahrungen der Akustik, der Maschinentechnik, der Elektrotechnik und nicht zuletzt der mechanischen Schwingungstechnik zur Geltung kommen. Ein solches Erzeugnis ist die

patentierte Schieferstein-Läutemaschine.

Die Technik konnte hier den seltenen Triumph verzeichnen, eine Einrichtung geschaffen zu haben, welche die Läutebewegung des menschlichen Armes, die in ihrer Abwicklung äusserst kompliziert ist, in idealer Weise naturgetreu nachahmt.

Abb. 37: Funktionsweise des Systems „Schieferstein" aus einem Werbeblatt

Eine der Kirchen, die mit dem System Schieferstein ausgestattet waren, ist die Basilika St. Mauritz in Olmütz, wo einmal [93] ein Vergleich zwischen der herkömmlichen Methode des Glockenläutens und des Antriebes mit der Läutemaschine stattfand. Es kam zu folgendem überzeugenden Ergebnis:

- Zweistündiges Läuten von einem Fünfergeläute in der Basilika in Olmütz mit elektrischem Antrieb: Stromverbrauch für 4,80 Kč
- Einstündiges Läuten per Hand der Glocke Fis von 6758 kg durch vier Mann: 80,00 Kč[94]

[93] Wahrscheinlich 1927, weil es aus diesem Jahr ein Blatt in Tschechisch gibt, welches auch das Thema Läutemaschinen behandelt.

[94] Notiert auf der Rückseite einer Ansichtskarte der Marienglocke Fis 6758 kg von Olmütz.

Ein Briefwechsel

In einem wahrscheinlich nur teilweise erhalten gebliebenen Briefwechsel zwischen der Firma Herold und der Turmuhrenfabrik Peter Hohlweg in Erlangen, den mir Herr Hans Peter Kuban aus Stuttgart dankenswerterweise zur Verfügung gestellt hat, geht es hauptsächlich um die Glockenläutemaschine System Schieferstein. Diese neun erhalten gebliebenen Briefe stammen aus der Zeit von Juni 1926 bis November 1938, und ich will versuchen, einige Informationen daraus herauszuarbeiten.[95]

Herold teilt im ersten Brief mit, dass er Lizenznehmer der Firma Oszillatory Power in Berlin dieses Systems für die tschechoslowakische Republik (ČSR) sowie Österreich sei, welche Glocken-Läutemaschinen herstelle; der Name Schieferstein wird hier noch nicht genannt, aber: „Im deutschen Reiche sind schon viele solche Anlagen mit bestem Erfolge in Tätigkeit ..."

Im Antwortbrief schreibt Hohlweg, dass er von der Wendt AG in Berlin[96] die Vertretung für Bayern habe. Hohlweg teilt jetzt mit, dass er in die Steiermark eine Läutemaschine liefern könne. Dem stünde aber im Wege, dass Herold die Lizenz für dieses Gebiet hat. Hohlweg schlägt deshalb zwei Lösungsmöglichkeiten vor: 1. Herold baut die Anlage und zahlt Hohlweg eine Entschädigung oder 2. Hohlweg übernimmt den Auftrag und Herold soll eine Provision verlangen.

Herold schlägt in einem kurzen Antwortschreiben vor, persönlich zum „Abschluss des ersten Geschäftes" nach Graz zu kommen.

In dem Brief, der über acht Jahre später geschrieben wurde, erfährt man dann, dass aus dem Geschäft nichts geworden ist: „Wie ich [Hohlweg, *d. Verf.*] mich erinnere, haben Sie wohl Läutemaschinen nach dem Schieferstein-System selbst gebaut und es ist deshalb zu keiner Geschäftsverbindung zwischen uns gekommen." Und weiter: „In Läutemaschinen habe ich längst mein eigenes System mit Läutrad und Kettenantrieb und automatisch sich schaltendem Motor."[97] Der Grund, warum er an Herold schreibt, ist allgemein-historisch ganz interessant. Er will nämlich Näheres über die Gießerfamilie Herold aus Nürnberg erfahren, weil er schon auf verschiedenen Glockeninschriften den Namen Herold gelesen habe und weil „durch die nationale Regierung [1934, *d. Verf.*] neuerdings das Interesse für die Sippenforschung und dem Ruhme des alten Handwerks geweckt" werde. Er wollte anscheinend etwas über die Gießerfamilie Herold veröffentlichen. Zu diesem Zweck hat er später Material aus Komotau erhalten.

Im nächsten Brief bedankt sich Hohlweg für die Unterlagen über das Glockenwesen, schlägt einen intensiveren Geschäftskontakt vor, indem er seinen Spe-

---

[95] Nach Auskunft von Herrn Kuban war Herold die erste Firma aus dem Sudetenland, die bei der Fa. Hörz in Ulm 1931/32 eine Glockenläutemaschine bestellt hat.

[96] Ob diese Firma mit der oben genannten Oscillatory ... zusammenhängt, ist nicht klar. Aus einem der anderen Briefe ist eher zu schließen, dass es zwei getrennte Firmen waren.

[97] In einem späteren Brief erfährt man, dass es sich hierbei um eine Gloria-Kettenzugmaschine gehandelt hat.

zialmotor anpreist, und fährt dann fort: „Ich habe ja auch die Schieferstein'schen Maschinen beobachtet, denen aber noch große Mängel anhängen ...“
Herold betont immer wieder die hohe Qualität der Schieferstein-Maschinen und geht dann in einem Brief vom 26.10.1935 genauer darauf ein: Sogar im strengen Winter von 1928 hätten seine ca. 25 Maschinen in Prag einwandfrei funktioniert, ebenso bei schweren Glocken wie z. B. bei einer von 7000 kg. „Wenn ich heute fast keine Schiefersteinmaschinen mehr verkaufen kann, so liegt dies lediglich daran, dass der Preisunterschied gegenüber Kettenzugmaschinen zu gross ist.“ Er geht dann noch auf die Eignung von Glockenläutemaschinen für kleine Glocken ein und meint, dass sich die Maschine von Pfundner in Wien, die Herold ausprobiert hatte, ebenso wie die Schieferstein'sche für kleine Glocken schlecht eigne. Interessant in diesem Brief ist auch noch, dass die Glockengießerei Junker in Brilon der Firma Herold ihre neu patentierte Legierung angeboten hatte, was Herold wegen der hohen Kosten ablehnt. Wahrscheinlich auch deshalb, weil die Tschechoslowakei „noch mittendrin“ in der ärgsten Wirtschaftskrise stecke.
Allgemein geschichtlich interessant ist besonders der letzte mir vorliegende Brief vom 22.11.1938 von Herold, also nicht einmal zwei Monate nach dem Münchner Abkommen. Im Briefkopf ist Č.S.R. geschwärzt und bei der Unterschrift steht „Heil Hitler!“ In diesem Schreiben erfahren wir, dass Herold „schon seit Jahren neben den Läutemaschinen, System ‚Schieferstein‘ auch solche mit direktem Kettenzug und Bremsvorrichtung mit gutem Erfolg“ baut. Nach der Bemerkung, in welcher Zeitung er demnächst inserieren solle, kommt Herold auf die Situation nach dem „Anschluß“ zu sprechen und schreibt: „Ich weiss auch gar nicht, ob wir weiter selbst Maschinen [er meint bestimmt Läutemaschinen, *d. Verf.*] bauen oder ob ich dieselben beziehen werde, denn der Anschluss an das Altreich erfordert eine totale Umstellung des Betriebes und auch darin muss erst eine Klärung erfolgen.“ Und weil es unklar ist, ob Herold weiterhin Läutemaschinen bauen wird, bittet er gleich die Fa. Hohlweg um Angebote.

Abb. 38: Tschechische Anzeige für elektrische Läuteanlagen mit der Werbung, dass schon ca. 30 solche Geräte nach Prag geliefert worden seien. Anzeige von Petr R. Manoušek

Abb. 39: Firmen-Logo auf der Motorspritze „Triumph II/3", siehe nächstes Kapitel. Foto: G. Rux

9. Feuerwehrgeräte

In einer Beschreibung der Firma und ihrer Produkte von etwa 1910 sind noch keinerlei Feuerwehrartikel aufgeführt. Auch bei den Unterlagen über die Deutschböhmischen Landesschauen 1906 in Reichenberg/Liberec und 1913 in Komotau/Chomutov ist kein Hinweis auf die Herstellung von Feuerwehrgeräten zu finden.

In einer Fachzeitschrift von 1926 kann man dann lesen: „Die ... weit über die Grenzen des Landes hinaus bestbekannte Glockengießerei und Metallwarenfabrik Richard Herold in Komotau hat seit einigen Jahren die Fabrikation von Benzinmotor-Hochdruck-Turbinenpumpen für das Feuerlöschwesen aufgenommen und durch zahlreiche Lieferungen ihren alten guten Namen weiter gefestigt und verbreitet."[98] Diese Anmerkung „seit einigen Jahren" ist leider ungenau, passt aber zu der Tatsache, dass mir zwei Bilder von Herold-Pumpen aus der Zeit von 1923-25 vorliegen.

[98] Mitteilungen auf dem Gebiete des Feuerwehr= und Rettungswesens, 1. Heft 1926, Seite 5.

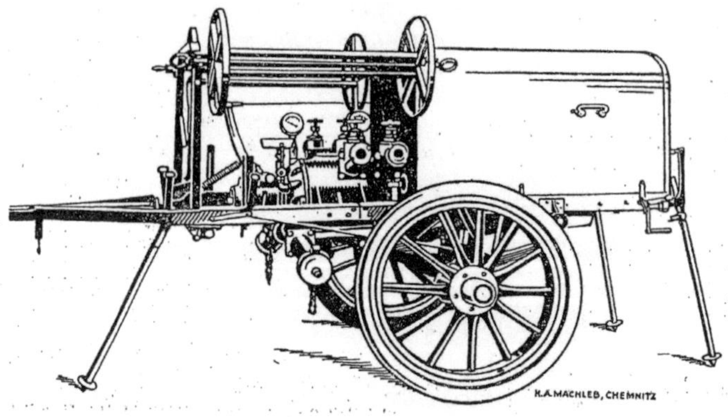

Abb. 40: Einachsige Feuerwehr-Pumpe aus einer Anzeige von 1924 der Zeitschrift „Deutsche-Verbands-Feuerwehr-Zeitung", Nr. 6, Seite 59

Wahrscheinlich wurde dieser Produktionszweig nach dem ersten Weltkrieg aufgenommen. Wichtig mag auch der „außergewöhnliche Aufschwung der Automobilindustrie im letzten Jahrzehnt"[99] gewesen sein, der es auch kleinen Orten in den „entferntesten Gegenden"[100] möglich machte, sich eine motorbetriebene Feuerspritze zuzulegen. Zum Beispiel hatte Platten/Blatno im Erzgebirge, ein Ort mit ca. 510 Einwohnern, 1931 eine Motorspritze von H. bekommen. (Siehe Abb. 39 und 42) Schon um 1927 hatte die Feuerwehr von Eidlitz/Údlice (ca. 2200 Einwohner) eine Herold-Spritze angeschafft. Am 4.7.1937 fand in Pritschapl/Přečaply bei Komotau die Weihe einer Tragkraftspritze (wie sie im Museum in Nový Oldřichov – siehe unten – steht) durch den Eidlitzer/Udlice Dechanten Wilhelm Siegel statt. Patin war Gertrud Dittrich, außerdem gab es einige Ehrenjungfrauen.[101]

[99] Mitteilungen auf dem Gebiete des Feuerwehr..., Seite 5.
[100] Mitteilungen auf dem Gebiete des Feuerwehr..., Seite 5.
[101] Komotauer Zeitung, Juli 2007, Seite 23.

Abb.41: Anzeige aus „Festschrift zur 700-Jahrfeier der ***Egerstadt Königsberg*** *vom 13. bis 15. August 1932“, herausgegeben vom Festausschuss.*

In dem oben erwähnten Artikel ist über die bei Herold erzeugten Produkte zu lesen, dass sie aus einer Spezialbronze hergestellt seien, die Speichen und Felgen aus Eschenholz, die Räder entweder mit Eisen- oder Vollgummibereifung, die Achsen aus bestem Stahl, ein „reichlicher Gerätekasten“[102] sei vorhanden, und die Deichsel sei aus Mannesmann-Stahlrohr . In Komotau gab es seit 1889 ein Mannesmann-Werk.[103] Für die zweirädrigen Motorspritzen sei auch die Möglichkeit einer Pferdebespannung gegeben; für diesen Fall werde ein „Vorspannwagen mit Sitzplätzen für 6 Mann“[104] gebaut. „Die vierräderigen Geräte sind nur für den Pferdezug eingerichtet.“[105] „Vom Schutzdach des Motors bis zum Kutschersitz sind von starkem Messinggeländer eingefaßte Sitzplätze für 6 Mann vorgesehen.“[106] (s. Abb. 42)

[102] Mitteilungen auf dem Gebiete des Feuerwehr=und Rettungswesens, 1.Heft 1926, Seite 5.
[103] Komotauer Zeitung, August 2006, Seite 8.
[104] Mitteilungen auf dem Gebiete des Feuerwehr= und Rettungswesens, 1.Heft, Seite 8.
[105] Mitteilungen auf dem Gebiete des Feuerwehr= und Rettungswesens, 1.Heft, Seite 9.
[106] Mitteilungen auf dem Gebiete des Feuerwehr= und Rettungswesens, 1.Heft, Seite 9.

Abb. 42: Zweiachsige Feuerwehrpumpe für Pferdebespannung aus einer Anzeige von 1929 der Zeitschrift „Mitteilungen auf dem Gebiete des Feuerwehr- und Rettungswesens", 1. Heft, Seite 22.

In einem Text der Firma H. in der oben erwähnten Zeitschrift von 1930 über eine Klein- und eine Leichtmotorspritze heißt es abschließend: „..., daß die Maschinen kräftig und solid gebaut sind, die besten Materialien beinhalten und schließlich außergewöhnlich betriebssicher und handlich sind."[107] Eine gewisse Vorsicht ist bei diesem Text allerdings angebracht, weil er von der Firma selbst stammt.

Informationen über die von H. angebotenen Feuerwehrspritzen habe ich bisher nur aus Werbeanzeigen aus den Zeitschriften „Deutsche Verbands=Feuerwehr=Zeitung" und der bereits erwähnten Fachzeitschrift. Aus ersterer erfährt man übrigens von einem Kokurrenzunternehmen von H. – es ist die Firma R. A. Smekal aus Čech bei Proßnitz/Prostějov. Eine weitere Konkurrenzfirma war die bayerische Firma Flader.[108] Die Werbeanzeigen, aus denen man nur das Aussehen und eventuell die Typenbezeichnung erfährt, zeigen tragbare einachsige Pumpen und zweiachsige Geräte mit Kutschbock, Räder mit einer dicken Bereifung, bei der es sich eventuell schon um Pneus handeln könnte, und um Räder, die stark an das Rad einer Pferdekutsche erinnern. Interessant ist in diesen Anzeigen, wie sich die Benennung der Firma im Laufe der Jahre ändert. 1924: „Glockengießerei u. Metallwarenfabrik Abteilung: Feuerlöschgeräte – Feuerwehr-Bedarfsartikel", 1929: „Fabrik moderner Feuerlöschgeräte und Feuerwehrarmaturen", ab 1931: „Feuerlöschgerätefabrik". Mir ist nur eine einzige Anzeige bekannt, in der eine Glocke und eine Motorpumpe abgebildet sind.

[107] Mitteilungen auf dem Gebiete des Feuerwehr= und Rettungswesens, Heft von 1930, Seite 237.

[108] Freundliche Mitteilung vom 25.6.2003 von Herrn Dietrich Schmidt in Münster bei Darmstadt.

Drei tragbare Motorspritzen mit dem Namen „Triumph“ (s. Abb. 43) sind in Tschechien erhalten geblieben, zwei von ihnen können in den folgenden Feuerwehrmuseen besichtigt werden:

- Privates Feuerwehrmuseum (Hasičské Muzeum) in Nový Oldřichov, einem kleinen Ort östlich von Děčin/Tetschen und nur etwa 6 km südlich von Česka Kamenice/Böhm. Kamnitz.
- Feuerwehrmuseum in Přibyslav, südöstlich von Prag.

Die dritte (einachsige) ist im Besitz eines Privatmannes in Pelhřimov/Pilgram. Außerdem ist eine Anhänge-Motorspritze von Herold im Feuerwehr-Museum in Krupka/Graupen zu besichtigen.

Abb. 43: Die Kleinmotorspritze „Triumph II/3“ (zweistufige Feuerlösch-Kreiselpumpe aus Přibyslav mit einem Zweizylinder-Viertakt-Boxermotor); Foto und technische Angaben: G. Rux, Berlin.

Zu dem Namen ‚Triumph’ schrieb mir der Feuerwehrhistoriker Herr Günter Rux aus Berlin: „Es war seit Beginn der Fertigung von tragbaren Motorspritzen üblich, ihnen einprägsame Namen zu geben (eine Herold-Pumpe soll den Beinamen „Richardchen“, nach dem Vornamen des Fabrikbesitzers, bekommen haben [aber ganz bestimmt nicht firmenseitig, sondern wahrscheinlich von den Nutzern; *d. Verf.*]) – und die meisten Firmen schützten diesen Namen gemeinsam mit dem Produkt patentamtlich. ‚Triumph‘ war seit 1904 der Produktname der Firma Hermann Koebe in Luckenwalde bei Berlin für abprotzbare Handdruckspritzen und ab 1926 auch für die tragbaren Motorspritzen. Auch Hermann Koebe verteidigte seinen Produktnamen mit Nachdruck; es sind einige

Gerichtsverfahren bekannt, bei denen Lizenznehmer, die den Namen ‚Triumph' nicht erwähnten, verurteilt wurden.
Wenn auch in der Tschechoslowakei nach dem ersten Weltkrieg deutsche Waren boykottiert wurden [ein überzeugender Grund für die Aufnahme oder Erweiterung der Produktion von Feuerwehrspritzen; *d. Verf.*], was auch vielfach zu Nachbauten führte, so hätte Hermann Koebe nach der Besetzung von Böhmen und Mähren eine Forderung mit Sicherheit durchsetzen können. Da aber auch 1938 von Herold noch Motorspritzen mit dem Namen ‚Triumph' angeboten wurden, muss es eine Übereinkunft zwischen den beiden Firmeninhabern gegeben haben."[109]

Abb. 44: Anzeige aus „Gesammelte VORTRÄGE der Kurse für Feuerwehr- und Rettungswesen ... in Salzburg im Juli 1925"

Aus einem Angebotsschreiben der Firma H. vom 30.5.1927 an die Feuerwehr in Teschen/Český Těšin über eine „Benzinmotor-Turbinenspritze" geht hervor,

[109] Freundliche Mitteilung vom 23.11.2003 von Günter Rux.

dass es mal einen Prospekt gab. Ansonsten enthält das Schreiben die üblichen Anpreisungen (siehe oben!), u. a. wird die Herstellung der Pumpe aus Bronze gegenüber dem Material Grauguss, aus dem einige Konkurrenten angeblich ihre Pumpen herstellten, hervorgehoben. Ob die Lieferung nach Teschen erfolgte, ist mir nicht bekannt. Es gibt aber eine Nachricht vom 16.1.1928, in der die Lieferung von „diverse[n] Schlauchkupplungen nebst einer Einwalzmaschine" an die Feuerwehr Teschen angekündigt wird.
Über die innerbetrieblichen Bedingungen sind mir nur folgende Einzelheiten bekannt. In dem von mir gezeichneten Grundriss des Werkes habe ich nur einen „Feuerwehrraum" verzeichnet.[110] Im Konstruktionsbüro für Motorspritzen sollen drei Personen tätig gewesen sein. Als Mitarbeiter sind mir nur der Schlosser Hahn und als vorübergehender Mitarbeiter Adolf Kühnl bekannt. Außerdem soll im Motorspritzenbau eine Spenglerei untergebracht gewesen sein. Karl-Gustav Schmidt und sein Bruder, Ing. Ernst Schmidt, waren Vertreter von Herold-Feuerspritzen.
Zum Produktionsumfang im Zweiten Weltkrieg schreibt Herr Franz Hurka, Betriebsleiter des mechanischen Betriebes: „Für Luftfahrtministerium: ... Feuerwehrarmaturen für Luftschutz, Verteiler, Hydrantenunterflur-Standrohre ..."[111] In den „Fragebogen für den Gesamtumsatz" aus dem Zweiten Weltkrieg spielen die Feuerlöscharmaturen deshalb eine große Rolle.[112]

Abschließend noch ein ganz kurzer Blick auf die mir bekannten Typen von Feuerwehrspritzen der Firma Herold (in Komotau in der Prager Straße 702):
1) Motorspritze HR 1932 PPSG-600 l/min,
2) tragbare Kleinmotorspritzen „Triumph III." und „Triumph H-III",
3) einachsige Spritze Type H_2 mit kurzer Deichsel,
4) Type H 1/III., einachsig,
5) Type H-I-a, Bauart „Gebirgsspritze", zweiachsig.

[110] Herbert Herold: Die Glockengießerei und Metallwarenfabrik HEROLD in Komotau, vor Seite 20.
[111] Herr Hurka in einem Brief vom 1.1.1973 an Dieter Herold.
[112] Kopien aus dem Bundesarchiv in Koblenz.

Abb. 44: Anzeige aus „Jahrbuch für die deutschen Feuerwehren in Böhmen, Mähren, Schlesien und in der Slowakei 1938“, Prag, 38. Jahrgang, Seite 237

10. Literaturverzeichnis

- Herbert Herold. Die Glockengießerei und Metallwarenfabrik HEROLD in Komotau, Göttingen 2003
- „Firmengeschichten der Feuerwehrgeräteehersteller“, 14. Tagung der Internationalen Arbeitsgemeinschaft für Feuerwehr- und Brandschutzgeschichte mit Sitz in Pribyslav/CZ vom 27. bis zum 29. September 2006 in Kurort Jonsdorf, Seite 87 bis 90 und Seite 18/49 im tabellarischen Anhang
- Komotauer Zeitung, Verlag Helmut Preußler, Dagmarstr. 8, 90482 Nürnberg
- Sepp Seifert, Komotauer im Strom der Zeit, Ingolstadt 1977
- Komotauer Jahrbuch, Folge 14 und 15, Hg.: Heimatkreis Komotau 2009 und 2010
- Ansichten der Ferdinands-Nordbahn, Die bibliophilen Taschenbücher, Dortmund 1981
- Ernst Pfohl, Ortslexikon Sudetenland, Nürnberg 1987

11. Danksagung

Ich danke allen ganz herzlich, die mir Material zu diesem Buch zur Verfügung gestellt haben: Herrn Frank Beyer, Deutschneudorf; Herrn Marek Bohuš, CZ; Herrn Jaroslav Drbohlav, Duchcov, CZ; Herrn Rudolf Harich, Bruchköbel; Herrn Dr. Milan Hlinomaz vom Kloster Tepla, CZ; Herrn Helmut Hurka, Mannheim; Herrn Norbert Jung, Heilbronn; Herrn Karel Krafta, Chomutov, CZ; Haus Königstein, Institut für Kirchengeschichte von Böhmen-Mähren-Schlesien e.V. in Geiß-Nidda; Herrn Hans Peter Kuban, Stuttgart; Herrn Radek Lunga, Prag, CZ; Herrn Petr R. Manoušek, Prag, CZ; Herrn Karl Pensl, Helbra; Herrn Franz Pommer, Essen; der Pressestelle der IHK München und Oberbayern, München; Herrn Radek Rejšek, Prag, CZ; Herrn Kurt Rothmann, München; Herrn Feuerwehrhistoriker Günter Rux, Berlin; Herrn Bohumil Samek, CZ; dem Haus Schlesien, Königswinter.